教育部人文社会科学研究规划基金资助项目
中央高校基本科研业务费研究专项资助项目
四川哲学社会科学重点研究基地羌学研究中心资助项目
上海文化发展基金会资助项目

川西少数民族服饰数字化抢救与保护
羌族服饰卷

张皋鹏 著

东华大学出版社

内容提要

本书以羌族传统服饰为研究对象，借助现代计算机技术，对羌族传统服饰的种类、外在形式、材料、制作工艺和构造技术等进行了系统的数字化整理，并探索出一套羌族传统服饰数字化抢救与保护的现代技术手段，建立了较为完整的数字化资料库。同时，该书对羌族各支系独具特色的服装款式和装饰纹样进行了系统甄别、区分，并建立了数字化图文资料库。这些成果对羌族传统服饰文化的保护、传承和现代应用具有重要的意义。

图书在版编目（CIP）数据

川西少数民族服饰数字化抢救与保护．羌族服饰卷 /
张皋鹏著．－－上海：东华大学出版社，2013.12

 ISBN 978-7-5669-0262-7

 I．①川... II．①张... III．①数字技术—应用— 羌族
—民族服饰—保护—研究—四川省 IV．① TS941.742.8-39

 中国版本图书馆 CIP 数据核字（2013）第 084035 号

责任编辑：马文娟
版式设计：魏依东
封面设计：胡珍珍

出 版：东华大学出版社（上海市延安西路1882号，200051）
本社网址：http://www.dhupress.net
天猫旗舰店：http://dhdx.tmall.com
营销中心：021-62193056 62373056 62379558
印 刷：杭州富春印务有限公司
开 本：889×1194 1/16 印张 13.75
字 数：480 千字
版 次：2013年12月第1版
印 次：2013年12月第1次印刷
书 号：ISBN 978-7-5669-0262-7/TS・394
定 价：98.00元

序言

　　2008年发生的"5.12"汶川大地震，使生活在岷江上游地区的羌族闻名遐迩，同时对羌族文化的抢救、保护与研究也受到社会各界的空前关注与重视。许多专家学者出于对社会和文化的一份责任感，纷纷从各自不同的专业领域和研究角度出发，开展对羌族历史、文化与社会的研究，取得了一批新的、可喜的研究成果。呈现在读者面前的这本《川西少数民族服饰数字化抢救与保护系列——羌族服饰卷》，正是在这一背景下产生的一个研究羌族服饰的新成果。

　　中国台湾地区学者王明珂先生曾写过一本有关羌族历史的书——《羌在汉藏之间》。这个书名是一个对羌族的生存及文化空间乃至地域空间的很准确的定位。羌是中国历史上一个很古老的民族，在殷商时期的甲骨文卜辞中就已出现了"羌"这一人群称谓。尽管历史上被称作"羌"的人群与今天的羌族并不能完全划等号，但今天的羌族同历史上的羌之间的渊源关系却是勿庸置疑的。"羌"作为一个民族为何能够历经数千年的历史岁月，并在汉、藏两个大民族之间延续至今？我想，这其中一定有深刻的内在原因。这个内在原因可能很复杂，但有一点可以确定——羌族的文化一定有其独特性和其特殊的价值。

　　文化是一个民族的生活方式，也是其赖以生存的根基。在羌族的文化中，独特的羌绣和以此为基础而产生的服饰文化无疑是一朵奇葩。正因为如此，羌绣被列为了我国的非物质文化遗产。本书在广泛的田野调查基础上，首次利用数字化技术，对羌族服饰（包括羌绣和头饰等）工艺进行了比较完整和全面的呈现，是利用现代数字化技术抢救和保护少数民族非物质文化遗产的一个有益尝试。服饰往往是我们认识一个民族及其文化的最直观的窗口。我相信，透过这本图文并茂且服饰图案十分丰富的书，不仅可以让一般的读者比较概略地认识和了解羌族的服饰及图案的基本面貌，而且对比较专业的研究者来说也不乏有重要的学术参考价值。

　　一晃，"5.12"汶川大地震已过去五年了，这本书作为"5.12"汶川大地震之后对羌族传统服饰工艺进行数字化抢救与保护的一项研究成果，它的出版，对于羌族文化的保护与传承，特别是羌族在灾后重建过程中如何增强其文化保护意识，更有效地利用和弘扬诸如羌绣这一类文化遗产具有十分重要的实践意义与应用价值。

　　本书作者张皋鹏先生是四川大学服装与服饰设计专业的副教授，是从事服装方面研究的专业人士。本书是他所承担的教育部人文社会科学研究项目的一项成果，因我曾参与该项研究成果结项时的鉴定工作，仔细阅读过成果内容，由于这一缘故，在该成果即将出版之际，张皋鹏先生嘱我写一个序。其实我对羌族服饰的了解十分有限，可以说是一个外行，因此，只能就我所知对本书的情况略作一个介绍，但愿能对读者阅读本书有所帮助。是为序。

石 硕

2013年3月于川大江安花园

前言

　　文化是人类在长期的生产实践和社会实践中，逐步形成的包括知识、信仰、技艺、道德、法律、习俗及其他对自然和社会适应能力的复合体[1]。文化是人类所特有的为适应特定的自然环境和社会环境所逐步建立起来的综合能力。由于人类所赖以生存的自然环境的差异，经济、社会发展的不平衡，使得不同区域的人类群体各自衍生出能够适应特定自然和社会生态环境的多元文化。如同生物的多样性是维持自然生态平衡和发展的重要手段一样，文化的多样性是增强人类对自然和社会生态环境的适应性，维持人、自然、社会的和谐，谋求共同协调发展的重要途径。

　　民族服饰作为民族传统文化的显性标识，是传承、保护和发展民族传统文化的重要载体，也是民族传统文化的重要内容。包括汉族在内的我国56个民族其传统服饰都各具特色，体现着各自民族丰富的文化内涵。对少数民族服饰文化的传承和保护是保护人类的共同遗产，保持人类文化的多样性，启发和增强人类对自然、社会适应能力的重要途径，具有深远的历史意义。

　　随着我国工业化、现代化、全球化进程的快速发展，一些传统的民族服饰文化也在不可逆转地快速消失，对具有传统文化意义的包括羌族在内的少数民族服饰的保护，也成为当代对传统文化传承和保护的重要内容。一些文化机构，如各种类型的博物馆，加强了对少数民族传统服饰实物的搜集、整理和保护。国家及地方政府也通过组织和开展各种形式的民族文化活动来展演和弘扬传统服饰，以强化民族划分和民族认同的意识。一些学者还从文化人类学、民族学、历史学和社会学等学科，对少数民族服饰进行跨学科的研究，取得了丰硕的理论成果。

　　然而，少数民族传统服饰的搜集和整理虽然有利于物质文化的保护，但这种"供奉"在博物馆中的服饰文物脱离了赖以生存的文化环境，不能完整地反映出服饰所蕴含的文化全貌和内涵，缺乏内在的生机。各类少数民族文化活动（例如民族节日的文化活动）中所展演的服饰也许能表现出现实的自然和社会生态环境中的服饰全貌及其文化内涵，但这样的展演是短暂的，在日常生活中的大部分时间里，人们穿着更多的是现代服饰，传统民族服饰的现实生命力仍然很微弱。对少数民族传统服饰的人文关怀和研究虽然具有较强的理论价值，但对于服饰自身的保护缺乏实际的指导意义。因此，对传统民族服饰不妨可以借鉴考古学中关于"文化遗物"的概念开展相应的研究。在考古学中，"文化遗物"指的是经过人类改良或创造的便于人类适应或改造自然的物件，其中包含了物件的种类、形制、内在结构及功能等[2]。同样，对于民族传统服饰，不仅要对其实物进行搜集、整理和有效的保存，还应当从服饰的种类、外在形式、材料、制作工艺和构造技术等方面入手，对其中所包含的人类物质技术文化进行更为深入系统的研究，这样才能脱离于服饰实物的藩篱，从根本上实现对传统民族服饰系统而科学的保护，从而能够在任何必要的时候对传统服饰进行完整准确的维护、再造、复原、传承和现代化应用。

羌族具有悠久的历史，早在三千年前的殷周时期，古羌人就活动于我国甘青地区，我国古老的甲骨卜辞即有多处关于"羌"的记载。在秦汉时期，古羌人不断向四周迁徙，在漫长的历史进程中，羌族中的若干分支由于种种条件和原因，逐渐发展演变为汉藏语系中的藏缅语族的各民族。唐宋以后，羌族多被汉族或其他民族所融合，只有岷江上游还有部分存在。这支从古至今经历数千年之久的羌人后裔，至今还保留着古羌人的文化风俗，成为研究羌族社会和历史的活标本[3]。

羌族自称"尔玛"，今主要分布于四川省阿坝藏族羌族自治州所属的茂县、汶川县、理县、黑水县、松潘县、甘孜藏族自治州的丹巴县以及绵阳地区的北川县。羌族分布区位于青藏高原东缘的岷江上游地区，境内崇山峻岭、沟壑纵横、地势险峻，分布其间的延绵山脉将这一地带分隔成天然的空间区域。发源于高山之巅沿着深沟山谷顺势而下的溪水河流汇集成岷江及其支流黑水河及杂谷脑河，这些由大小溪水河流构成的根须状分布的水系成为世代羌族人民赖以生存繁衍的基础。古老的羌族部落大都沿深沟峡谷分布，借助于周边高山峻岭的天然屏障，在溪水江河所流经的高山上、深谷中分布着各自相对独立的自然村落。在地理空间上的分隔客观上也确立了不同区域羌族各支系的社会结构（族群认同与区分体系）及生态资源的分配、竞争与共享关系等。同一条"沟"中散布的羌族各村寨组成更大的社会组织——部落，这样的地理条件及族群各支系的分布格局也成为现代羌族聚居区县、乡、村等各级行政区域划界的重要依据之一，例如一个乡的行政区域往往就是由若干支流所构成的一条大"沟"的河水流域。

川西岷江上游地区地处我国西南边陲，早在秦、汉时期中央政权就在此域设置郡县加以行政管理。唐代由于吐蕃的兴起与东进，汉族中央政权对岷江上游羌族所在区域的管辖受到了削弱和冲击，这种局面持续到宋代。起于元代并完善于明代的土司制度又重新密切了中央政权与羌族地方势力之间的关系。清代在少数民族地区推行的"改土归流"政策，进一步强化了中央政权对羌族地区的统治和管理，但羌区的土司制度并没有彻底根除，直到新中国成立前，羌族地区的土司残余势力还依然存在。"土司"乃是封建王朝用分封的方式以少数民族的首领、酋豪充当地方官吏，对本部落或本地区进行世袭统治[4]。由于地理环境条件的限制，历史上羌族社会长期实行的是土司统治制度，在受制于分散割据的部落酋长制的政治体制下，其社会结构具有明显的"部落"社群的性质。因此直到新中国成立以前，羌族地区长期处于社会组织结构松散、地方势力强大、权利不集中、各自为政、纷争割据的政治状态。分散于各地的羌族各部落之间常常为占有有限的自然生活资源而产生激烈的矛盾和竞争，借助于山脉走向和水流分布等自然地理条件，形成了界线分明、相对独立的自然资源划分、社会族群认同和政治势力的范围。作为族群认同与划分的文化标志之一，羌族服饰也表现出各族群分支互不统属、色彩纷呈、形式各异的特征，直至今日，人们也难以用简单统一的文化特征来概括统属羌族各支系的服饰。

在地缘文化方面，羌族分布区东临汉区、西接藏区。一方面，由于羌族从古至今都处于华夏文化的边缘地带，相对于汉族而言，在生产技术、社会政治、经济发展等方面都处于弱势。在历朝汉族中央政权或紧或松的统治下，羌族趋向于对内地汉族文化的攀附，其服饰深受历代汉族服饰的影响，在羌族传统服饰中不难发现不同时期（特别是明清时期）汉族服饰的痕迹。民国时期，中外学者在对羌族的田野调查中，几乎不能从服饰上的特征来区分和识别"羌族"，因为当时靠近汉区的羌族服饰与汉族服饰几乎没有什么区别[5]。另一方面，在隋唐时期，今西藏地区吐蕃族的兴起与东进，羌族地区成为汉、藏纷争的要冲，羌族部分地区在历史上曾被吐蕃占据和统治，羌族传统文化也因此而受到藏族文化的冲击和影响。元代以后及至明清时期，部分羌族地区受中央政权分封的嘉绒藏族土司的统治，这些羌族部落受到一定程度的藏化，服饰上借鉴和吸收了许多藏族服饰的文化因素。在外部汉、藏文化的共同作用下，加上内部社会结构的分散和相对独立，羌族犹如汉、藏族之间的过渡族群，在服饰文化方面也表现出由东南部的汉族风格向西北部的藏族风格层层递进、逐渐过渡的趋势。羌族服饰对汉、藏族服饰文化的借鉴、吸收和传承的历史沿革一直持续到今天，使得羌族服饰风格呈现出"东南趋汉，西北近藏，中间过渡"的总体特征。

综上所述，对羌族服饰的数字化抢救与保护首先应当在由社会历史与文化地域所构成的时空体系中，对羌族传统服饰进行民族志式的调查和科学分类，结合性别、年龄等因素分析羌族服饰的特征；在此基础上，利用相应的计算机图形技术，描绘和记录各类羌族传统服饰外观属性，建立羌族服饰数字化的款式资料库；最后，应根据羌族服饰各种类的特点，对其中传统的构造技术和制作工艺进行系统整理，并按照服饰的工艺设计和生产技术原理，对羌族服饰的内在结构和制作工艺进行数字化技术设计，创建适应于羌族服饰现代化设计和生产的数字技术资料，为羌族传统服饰的复原、再造、传承和现代化应用建立系统而全面的数字化资源和技术条件。

[1] Tylor, E. B., Primitive Culture [M]. New York: Harper Torchbooks, 1958: 1.

[2] [美] 温迪·安西莫，罗伯特·夏尔. 发现我们的过去——简明考古学导论［M］. 沈梦蝶译. 上海：上海社会科学院出版社，2007：61.

[3] 冉光荣，李绍明，周锡银. 羌族史［M］. 成都：四川民族出版社，1985. 218

[4] 同[3]

[5] 王民珂. 羌在汉藏之间［M］. 北京：中华书局，2008：71-76，291-295.

目录 CONTENTS

1 羌族传统服饰文化

由于羌族各支系相互隔离的地理分布、松散的社会组织、不平衡的经济发展水平和不同的文化背景，使得羌族传统服饰因性别、年龄和地域的不同而具有较大的差异。以下通过对羌族服饰民族志式的田野调查，分别以性别、年龄和地域为标准，从服饰学的角度分析羌族传统服饰的外观特征，在此基础上归纳羌族传统服饰的种类，从而为创建羌族服饰的数字化保护提供基本的参照体系。

1.1 羌族服饰的性别差异

在羌族的传统生活习俗和文化观念中，一个家庭以男性为主体，男人是当家的，女人不能单独决定家中事情。在家庭生产劳动的分工上，男人主要负责耕地、搞副业、对外应酬，有的也砍柴、挖药、打猎。女人是家中的主要劳动力，除犁地外，开荒、割草、打柴、耪草、收割、背水、喂猪、做家务、带小孩、捻麻线、捻羊毛线、织毪子、缝衣服、做鞋子、绣花等家庭生产劳动都由妇女承担[1]。在这样的文化背景下，羌族的男性有更多的时间和机会接触到高山深谷以外的世界，而羌族女性却忙碌于日常沉重繁杂的家庭生产劳动，少有与外界接触的机会。由此也使得女性比男性会更多地保持传统的文化而成为传统服饰的主要传承者。通常羌族女性的服饰趋于传统而保守，男性的服饰趋于现代而开放，相对而言，羌族男性的服饰比较简单，风格较为中性，各地之间的差别较小；反之，羌族女性的服饰则装饰丰富、色彩斑斓、风格各异，区域性差异较大。

与男性相比，不同区域羌族妇女的服装款式、颜色、饰品的佩戴方式等都有许多变化和区别。羌族妇女服饰色彩以蓝色、红色、绿色等鲜艳的颜色为主；头饰有"缠绕型"（以布缠绕头部）、"搭盖型"（以布搭盖头顶）和"综合型"三种类型；长衫的衣领边缘及门襟镶彩色滚边或贴缝彩色纹样的织带；腰系彩色回形纹宽边织带，腰带两头留有长长的流苏作装饰；背心有对襟和斜襟、长和短之分；头饰、围腰、鞋面都有大量的刺绣装饰（图1-1）。

图 1-1 羌族服饰（理县蒲溪乡）

1.2 羌族服饰的年龄差异

羌族一般人家的小孩所穿着的服装多用大人的旧衣服改制而成。3岁以前的婴幼儿以实用服饰为主,虎头帽、绣花长背心是常见的服装(图1-2)。头上多戴虎、猪、牛、羊、猴头形帽,帽上大多镶嵌有"吉祥如意""长命百岁""富贵荣华"等银质或铜质牌饰,有的还在银铜饰牌中间镶嵌"福""禄""寿"等吉祥文字。帽顶或帽的左右两边缀有银铃或铜铃,少的有2个(取"好事成双"寓意)、多的有9个(取"天长地久"寓意)不等。有的还在帽顶缝上锦鸡雉毛,或在帽头、帽尾缝上羊、兔、狗、猫等动物的尾巴。有的帽子还仿照一些养殖的动物造型,例如用兽皮做成猪、兔形帽,猪形帽在帽的两侧缝上两只"大耳朵",兔形帽则在帽顶缝上两只直立的"兔耳朵",有的甚至在"兔耳朵"的中间镶以红宝石等,模仿兔的眼睛。在婴幼儿帽子上所做的这些模拟小动物的装饰,一方面是为了美观,使小孩显得生动可爱;另一方面也是为了寄托家长对儿女的美好祝福与期望。

图 1-2 羌族婴幼儿及老年人服饰

11

羌族幼儿年满7岁时开始穿着具有民族特点的服饰，其式样与成人的基本一致，但样式较简单，颜色更鲜艳。逢年过节，家长们常常会给孩子改制或新制新衣服（图1-1）。7岁以后男孩开始剃头，但一般会在脑门心（百会穴）留一撮头发以保护百会穴；女孩则开始蓄长发、编辫子和穿耳孔。男孩常在左肩佩戴用红布缝制的龙、虎、猴、兔等图案的饰件，或缝上三角形红布袋，内装"释比"（端公）配制的镇邪符纸，以保小孩平安。男女孩手腕都佩戴细小的银镯或玉环，脚穿绣花布鞋，绣花鞋的制作工艺非常精致，造型上鞋尖微微上翘，鞋帮上绣有各色云彩图案，或将彩色布裁剪成云形图案，通过贴绣缝于鞋帮上，甚为美观[2]。

青壮年时期的羌族服饰最具民族特色，是传统羌族服饰的典型代表。服装款式丰富，色彩鲜艳，刺绣装饰繁多。随着年龄的增长，中年以后男、女性服饰的颜色逐渐变得素净低调，装饰也会逐渐减少（图1-2）。

1.3 羌族服饰的地域差异

四川境内的羌族主要分布于茂县全境、汶川大部、理县东部、松潘南部、北川西北部，少数分散于黑水、丹巴等地。羌族聚居区北临草地藏区，西接嘉绒藏区，东南部与汉区相连，因地理环境及自然资源的限制，各地羌族的政治、经济、社会和文化发展很不平衡。在内部演化和与外部其他民族的交往中，分布于不同地区的羌族各支系逐渐形成了互为区别的地缘文化，表现在服饰上则呈现出各地羌族的传统服饰互不统一、各具特色的格局。从服饰的外在形式来看，在以茂县为中心的羌族腹心地带，各山沟、村寨的羌族服饰具有不同的风格和式样。茂县以东、以南靠近汉区的岷江流域的羌族受汉族文化的影响，在服饰上接近于汉族的服饰风格。而在岷江支流黑水河流域及杂谷脑河北岸部

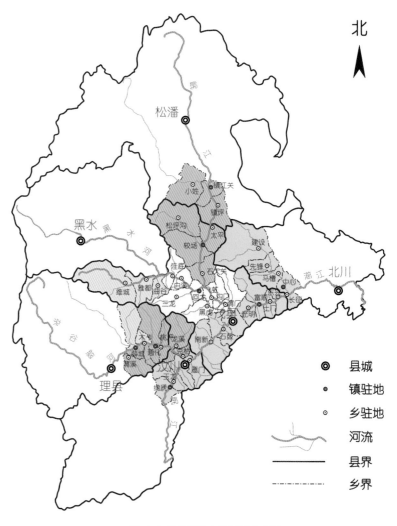

图 1-3 羌族服饰文化区域分布图

分地区的羌族服饰因地缘上靠近藏区而接近于藏族服饰。因此，从服饰文化角度而言，根据地域性特点，可将羌族服饰按"一区四线"进行划分，即一个中心区、四条文化线。"一区"是指茂县以北沿岷江流域分布的与茂县邻近的各乡，该区域是羌族分布的腹心地带，故称为"中心区"；"四线"是指东线、北线、西北线、西南线（图1-3）。以下即以"一区四线"的文化格局分析各区域羌族的传统服饰文化特征（考虑到男女性服饰的差别，本书以各地羌族具有代表性的成年男、女性服装加以分析）。

1.3.1 中心区羌族服饰特征

"中心区"包括茂县以北沿岷江流域分布的渭门、沟口、飞虹、黑虎、回龙、三龙、白溪、洼底等乡（图1-3中的黄色区域）。该区域是羌族聚居区的腹心，其中以渭门、黑虎和三龙三个乡的羌族传统服饰为其三种典型。

（1）渭门型

以渭门为代表的羌族服饰，男装以长衫、长裤、绑腿、裹肚、腰带和绣花鞋等羌族基本服饰为主（图1-4）。长衫以蓝色、米白色和黑色为主，立领、斜襟配盘扣，门襟有时用彩色花纹织带作装饰(只有蓝色长衫有此装饰）,面料多为蓝色棉布、原色麻布（米白色）、黑色棉布或毛料，穿着长衫时在腰间用红色布腰带系紧。长裤以深蓝色或黑色为主，棉布为主要面料。裹肚有绣花布裹肚和皮制裹肚两种，绣花裹肚一般用黑色棉布制成，裹肚可存储随身携带的物件。绑腿以本色麻布或毡子（羊毛织物）制成，缠绕小腿以防御虫蛇叮咬或被草棘、石块划伤。绣花鞋有平头鞋和尖头船形鞋两种类型，鞋面多以黑色棉布为底，施以彩色绣花装饰，鞋底用多层布料纳底，美观结实、舒适耐穿。

渭门羌族妇女的服饰包括长衫、长裤、腰带、头饰、背心、围腰和绣花鞋等（图1-4）。长衫以蓝色、米白色和黑色为主，立领、斜襟配盘扣，门襟贴缝有多条彩色花纹织带作装饰，蓝色棉布为主要面料，长衫穿着时在腰间用红色布腰带系紧。长裤以深蓝色或黑色为主，棉布为主要材料。头部以折叠成3~5厘米宽的白布缠头，形如罗盘，缠头紧贴头部的一端覆盖前额如帽檐，以遮阳避风，此种形式的缠头为渭门一带所独有。围腰长过膝，多用黑色或蓝色布料制成，上端并列贴缝两个绣花贴袋，容纳随身物件，围腰底部两侧多以"串绣"针法绣制白色纹样以作装饰，穿戴时围裹身前并在腰间用腰带系紧。绣花鞋有平头鞋和尖头船形鞋两种类型，鞋面多以彩色棉布为底，施以彩色绣花装饰，鞋底用多层布料纳底，美观结实、舒适耐用。

（2）三龙型

三龙型羌族服饰是三龙、回龙乡等地羌族服饰的代表。男装以长衫、长裤、羊皮背心、头饰、裹肚、腰带和绣花鞋等基本服饰为主（图1-5）。长衫多为黑色，立领、斜襟配盘扣，门襟、袖口有时用彩色花纹织带作装饰，布料以黑色棉布或毛料为主要面料，穿着时腰间用红色布腰带系紧。长裤以黑色为主，棉布为主要材料。羊皮背心以整张的羊皮制成，皮面留有长毛，平日毛面朝里穿着，具有很好的保暖性，下雨时毛面朝外可以防雨水浸湿；羊皮背心领口、门襟、袖孔和衣摆边缘均用皮条缝缀加固，羊皮背心是羌族服饰中最具特色的服饰之一。头部缠绕较宽的黑色棉布为头饰，其外观多为高耸的圆柱形造型。裹肚与渭门型的羌族

图 1-4 茂县渭门乡羌族服饰   图 1-5 茂县三龙乡羌族服饰

男装相似，有绣花布裹肚和皮制裹肚两种，绣花裹肚一般用黑色棉布制成，裹肚可存储随身必要的物件。绣花鞋有平头鞋和尖头船形鞋两种类型，鞋面多以黑色棉布为底，施以螺旋形彩色绣花为装饰，鞋底用多层布料纳底。

三龙型羌族女装包括长衫、长裤、缠头、背心、腰带、围腰及绣花鞋等服饰品种（图 1-5）。长衫以水红色为主，立领、斜襟配盘扣，门襟常以多条彩色花纹织带作装饰，布料以棉布为主，穿着时在腰间常以黑色布腰带系紧。头部缠黑色宽布带为装饰，布带的两头施以彩色绣花，部分露在外面形成标志性的装饰，此种头饰和缠绕方式是三龙羌族妇女服饰所特有的。长衫外在腰部多以黑色宽幅腰带缠绕系紧，腰带两端留有长长的流苏悬坠于身后，增强了服装的飘逸和流动感。围腰以黑色为主，腰腹部贴缝两个并排贴袋，表面多以彩色十字绣装饰。长裤、羊皮背心和鞋与三龙型羌族男装相同。

（3）黑虎型

黑虎型羌族服饰只分布于茂县黑虎乡一带。男装以长衫、长裤、绑腿、羊皮背心、头饰、腰带和绣花鞋等服饰为主（图 1-6）。长衫多以本色麻布制成，圆领口、斜襟配盘扣，**腰部用红色布条系紧**。长裤以黑色为主，棉布为主要材料。绑腿用麻布制成，缠绕于小腿以防御外力侵害。羊皮背心、鞋等服饰与三龙型羌族男装相同。

黑虎乡的羌族妇女服饰包括长衫、长裤、头饰、背心、腰带和绣花鞋等品种（图 1-6）。长衫以蓝色、水红色为主，黑色腰带束腰，其余与三龙型羌族妇女穿着的长衫相似。头饰很特殊，穿戴方法是：首先将白色长布在布头的一端按经向成阶梯状层层折叠，覆盖于前额，其余部分经头顶覆盖于脑后；然后将里层预先覆盖于头上的另一条白布两端交叉缠绕于额前，固定折叠的头饰，并在脑后打结，布条两端随意披挂于后背。传说此种头饰是黑虎羌族妇女通过戴孝来纪念历史上的部族英雄"黑虎将军"而遗存下来的习俗，也是黑虎羌族妇女所特有的一种头饰，俗称"万年孝"。黑虎羌族妇女穿着的裤、鞋与三龙羌族妇女的相似。

1.3.2 东线羌族服饰特征

"东线"是指凤仪镇及其以东茂县境内的光明、富顺、土门、东兴，凤仪镇以南的石鼓、南新，北川县的青片河流域的各乡和汶川的威州、玉龙、绵虒等地区，是跨越地域最宽、分布最长的一条羌族服饰文化带（图1-3中的绿色区域）。该区域以北川青片乡和汶川绵虒乡的服饰为其代表。以下以青片乡羌族妇女的服饰为例加以说明。

青片型羌族服饰是北川羌族服饰的代表。男装以长衫、长裤、头饰、腰带和绣花鞋等服饰为主（图1-7）。长衫多为黑色，立领、斜襟配盘扣，以黑色棉布为主要面料，穿着时在腰间以红色布腰带系紧。长裤以黑色为主，棉布为主要材料。头上多以较宽的黑色棉布缠绕作头饰。脚部多穿着羌族常见的绣花鞋。

相对男装而言，青片羌族妇女的服饰就更显绚丽多彩，其服饰包括长衫、长裤、头饰、腰带、飘带和绣花鞋等品种。长衫以水蓝色为主，立领、斜襟配盘扣，面料以棉布为主。下装多为黑色棉布长裤。头饰以黑

图 1-6 茂县黑虎乡羌族服饰　　　　　　　　　图 1-7 北川县青片乡羌族服饰

色布条缠头，造型简洁清秀。长衫外套全身型围腰，胸襟处施以彩色绣花，腰腹部贴缝绣花贴袋，以容放随身物件。围腰在腰间处系以多股彩色粗线绳固定，腰侧常挂两条白色绣花飘带。脚穿绣花布鞋。

1.3.3 北线羌族服饰特征

"北线"是指茂县飞虹乡以北沿岷江流域分布的石大关、较场、太平、松坪沟以及松潘的镇坪、镇江关小姓和白羊等羌族聚居乡（图1-3中的红色区域）。其中以太平乡的牛尾巴寨羌族服饰为其典型。

太平乡接近草地藏族居多的松潘，其中牛尾巴寨羌族服饰为这一区域的代表。男装主要包括长衫、长裤、藏袍、头饰、腰带、绑腿和绣花鞋等服饰品种（图1-8）。长衫以蓝色为主，穿在里层，立领、斜襟配盘扣，门襟常贴缝多条彩色花纹织带作装饰，面料以棉布为主。长裤以深蓝色或黑色棉布为主要材料。头部以约3米长的黑布缠头，造型硕大，缠头侧附缀蓝色辫状绳线装饰。长衫外套穿本色藏袍，多以羊毛面料（当地人称为"毪子"的粗毛料）制成，斜襟、袖口和衣摆边缘处镶拼彩色装饰布，穿着时右边衣袖吊挂于身后，腰间系红色腰带束紧。小腿缠绕羊毛料绑腿，端头拼以彩色布料作装饰。脚部常穿云纹绣花鞋。

牛尾巴寨的羌族妇女服饰包括长衫、长裤、头饰、背心、围腰、绣花鞋和胸牌等品种（图1-8）。长衫以蓝色、红色为主，立领、斜襟配盘扣，面料以棉布为主。长裤以深蓝色或黑色棉布为主要材料。头部以约3米长的黑布缠头，造型硕大。长衫外套斜襟背心，领口、门襟贴缝多条彩色纹样织带作装饰。腰间系黑地绣花围腰，腰头多为白色，绣花常以彩色粗线用十字绣针法满绣整个围腰幅面，风格极为艳丽奔放。脚部常穿花草纹样的绣花鞋。右胸佩戴的具有家族标志意义的银牌是牛尾巴寨羌族妇女服饰中最具特色的饰品之一。

1.3.4 西北线羌族服饰特征

"西北线"是指沿岷江支流黑水河流域分布的白溪、洼底、曲谷、雅都和维城以及理县木卡乡、薛城镇在杂谷脑河以北的区域（图1-3中的橙色区域）。该区域历史上受嘉绒藏族杂谷土司的统治，其服饰具有嘉绒藏族的服饰特征，以曲谷的羌族服饰为其代表。

曲谷羌族男装服饰包括长衫、长裤、羊皮背心、绑腿、腰带和绣花鞋等品种（图1-9）。长衫以黑色为主，立领、斜襟配盘扣，黑色棉布为主要面料，长衫穿着时在腰间以红色布腰带系紧。长裤以深蓝色或黑色棉布为主。羊皮背心以整件的羊皮制成，皮面留有长毛，平日毛面朝里穿着，具有很好的保暖性，下雨时毛面朝外可以防雨水浸透，羊皮背心领口、门襟、袖孔和衣摆边缘均用皮条缝缀加固。绑腿以本色麻布或毪子（羊毛面料）制成，缠绕小腿以防御虫蛇叮咬或被草棘、石块划伤。绣花鞋有平头鞋和尖头船形鞋两种类型，鞋面多以黑色棉布为底，施以彩色绣花为装饰，鞋底用多层麻布纳底，美观结实、舒适耐用。

曲谷羌族妇女服饰包括长衫、长裤、头饰、腰带、绣花鞋等品种（图1-9）。长衫以红色为主，立领、斜襟配盘扣，领口、门襟及袖口贴缝彩色花边或施以装饰性的绣花图案。腰间以宽而长的黑色腰带束紧长衫，腰带端头留有长长的流苏飘挂于腰后。长裤以黑色棉布为主要材料。头部用多层折叠的布料盖头，用发辫或发辫状的绳线将盖头缠绕固定于头顶并在脑后打结，头饰布端多以彩色绣花装饰，有的地区还用串联的银质圆筒制成的发箍戴于头顶为装饰。"房檐"形的头盖装饰取自于邻近的嘉绒藏族的头饰式样，这体现了藏族

图 1-8 茂县太平乡牛尾巴寨羌族服饰　　　　　　　图 1-9 茂县曲谷乡羌族服饰

服饰文化对羌族服饰的影响，也是区别于其他羌区服饰的重要标志。绣花鞋有平头鞋和尖头船形鞋两种类型，鞋面多以黑色棉布为底，施以彩色绣花为装饰，鞋底用多层布料纳底。

1.3.5 西南线羌族服饰特征

"西南线"是指分布于岷江支流杂谷脑河流域汶川境内的克枯、龙溪，理县境内的桃坪、通化、蒲溪和木卡、薛城等在杂谷脑河以南的羌族村寨（图1-3中的紫色区域）。其中以龙溪、蒲溪的羌族服饰为其代表。

（1）龙溪型

龙溪羌族男装服饰包括长衫、长裤、绑腿、头饰、腰带、裹肚和绣花鞋等品种（图1-10）。长衫以蓝色为主，立领、斜襟配盘扣，蓝色棉布为主要面料，门襟处常贴缝多条彩色纹样织带装饰。长衫穿着时在腰间以红色布腰带系紧。长裤以深蓝色或黑色棉布为主。绑腿多用麻布制成。头部多以黑色长布缠绕。绣花鞋有平头鞋和尖头船形鞋两种类型，鞋面多以黑色棉布为底，施以彩色绣花作装饰，鞋底用多层布料纳底。

龙溪羌族女装包括长衫、长裤、腰带、头饰、背心、围腰和绣花鞋等品种（图1-10）。长衫以蓝色为主，立领、斜襟配盘扣，门襟贴缝有多条彩色花纹织带装饰，蓝色棉布为主要面料，长衫穿着时在腰间以黑色布腰带系紧。长裤以深蓝色或黑色为主，棉布为主要材料。头部以白布缠头。背心多为黑色对襟款式，围绕领口线在肩和胸襟处贴缝多条彩色花纹织带为装饰。围腰一般为黑色棉布，上端腰腹部并列贴缝两个彩色绣花贴袋，以容纳随身物件，围腰下半部位多用白线以十字绣针法绣满图案。绣花鞋有平头鞋和尖头船形鞋两种类型，鞋面多以彩色棉布为底，施以彩色绣花为装饰，鞋底用多层布料纳底。

（2）蒲溪型

蒲溪羌族男装包括长衫、长裤、绑腿、头饰、背心、裹肚、腰带和绣花鞋等品种（图1-11）。长衫以素色麻布制成，立领、斜襟配盘扣，衣领及门襟内侧贴缝约3~5厘米宽的蓝色或黑色布条封边，腰间用麻布条系紧束腰，穿着时斜襟常常外翻。长裤以深蓝色或黑色为主，棉布为主要材料。头部常用黑白两色布条缠绕，里层先用白布缠紧，外层用黑布条交叉缠绕固定。背心以黑色棉布做底，对襟、盘扣，用多条彩色滚边和花纹织带在领口处镶出假领装饰，在胸口处镶出"如意"形图案，背心底边的门襟和左右两衣角用彩色布剪裁并贴绣出"蝙蝠"形图案，象征着"幸福如意"。裹肚一般用本色麻布或黑色棉布制成，呈三角形，表面用黑色或红色布料剪裁出"卷云"形图案贴绣于裹肚上，裹肚底部吊坠三个套有铜钱的红缨，裹肚内可存储随身物件。绑腿以本色麻布制成缠绕于小腿上，外面用红色布条缠绕束紧。绣花鞋有平头和尖头船形两种类型，鞋面多以黑色棉布为底，施以彩色绣花为装饰，鞋底用多层布料纳底，美观结实、舒适耐用。

蒲溪羌族女装包括长衫、长裤、绑腿、头饰、背心、腰带、围腰和绣花鞋等品种（图1-11）。长衫通常以蓝色棉布制成，立领、斜襟配盘扣，衣领、门襟和袖口边缘用黑布条、彩色滚边和花纹织带贴绣出装饰边，

图 1-10 汶川县龙溪乡羌族服饰　　　　　　图 1-11 理县蒲溪乡羌族服饰

腰间用黑布条系紧束腰。长裤以深蓝色或黑色为主，棉布为主要面料。头部常用黑色布条缠绕，缠头装饰在前额左右两边露出缠头布端的彩色绣花图案，形似"虎耳"，别具一格。背心以黑色棉布做底，对襟、盘扣，用多条彩色滚边和花纹织带在领口处镶出假领装饰，在胸口处镶出"如意"形图案，背心下摆的门襟和左右两角用彩色布贴绣出"蝙蝠"形图案，象征着"幸福如意"。围腰多用黑色棉布制成，以十字绣针法满幅绣花。绑腿以本色麻布制成，缠绕于小腿上，外面用红色布条缠绕束紧。绣花鞋有平头和尖头船形两种类型，鞋面多以黑色棉布为底，施以彩色绣花为装饰，鞋底用多层麻布纳底，美观结实、舒适耐用。另外，蒲溪羌族妇女喜爱在胸前佩戴珠宝和锁形银饰项链。

综上所述，羌族传统服饰因各地政治、经济、社会和文化等方面发展的不平衡，使得羌族服饰因分布区域的不同而有较大的差异，这些差异在偏远深沟中的羌族服饰中表现得尤为突出。羌族传统服饰的地域性差异主要表现在羌族女性服饰方面，除个别地区以外（"北线"服饰文化区域），各地羌族男性服饰都较为一致，其服饰品种主要包括长衫、长裤、腰带和绣花鞋等必备服装类型。除此以外，头饰、背心、裹肚和绑腿则为可选服饰品。在服饰风格上，大部分地区的羌族男装都比较统一，虽然在服装材料、颜色、款式和刺绣装饰等方面因各地的习俗不同而有一定的差异，总体并无根本上的区别。只有"北线"羌族服饰文化区的男装比较特殊，除必备的传统服饰品外，常穿着一种"藏袍"型的长衣，多用比较厚重的本色粗羊毛面料制成，在款式上，斜襟外翻，门襟、袖口和衣摆拼缝彩色布块装饰，穿着时如藏式长袍一样将右衣袖吊挂于身后，具有浓厚的藏式服饰特征。

相对于男装而言，羌族女性服饰具有显著的地域性差异。其中差别最大的是"西北线"一带的羌族女性服饰。该地区因长期受嘉绒藏族土司的统治，女性服饰深受嘉绒藏族的影响。在款式上，头饰为搭盖型头饰，衣着无围腰，色彩上多采用大红色；在装饰细节方面，偏爱将花纹织带、滚边（细长的管状布条，常贴缝于服装边线处构成线性装饰边，例如"回形"花边）或裁剪成一定图形的布块贴缝于服装边线或衣角，以便加固服装各边线，同时起到一定的装饰作用。除"西北线"外，其余各地的羌族女装服饰主要包括长衫、长裤、腰带、绣花鞋、头饰、背心、围腰（黑虎乡羌族妇女例外）等基本服饰品种，绑腿为可选服饰品，但在服饰的用料、色彩、装饰细节、穿戴方式以及服饰品种的组合等方面都具有很多差异。总体上，各地羌族妇女常常通过一些服饰细节来区分各地不同的族属关系。例如，头饰有缠绕型、搭盖型和综合型（搭盖与缠绕相结合的头饰）之分 [3]。在缠绕型头饰中，各地羌族妇女又通过不同的缠绕方式相互区别。例如，太平、三龙、蒲溪、青片等地羌族妇女的缠头就有明显的区别，青片与太平乡的缠头其布头都没有绣花装饰，但前者造型娇小秀丽，后者造型硕大粗犷（图1-7，图1-8）；三龙和蒲溪的缠头在布头均有绣花装饰，但绣花装饰显示方式却各自不同（图1-5，图1-11）；而渭门与黑虎乡羌族妇女的头饰均属综合型头饰，两地的头饰穿戴方式及外观造型却迥然有别（图1-4，图1-6）。相同款式的长衫各村寨有颜色上的区别。背心在材料上有布料或羊皮之分，款式有对襟和斜襟、长短之别。围腰有"半身"和"全身"两种类型，半身型围腰只覆盖腰线以下的部位，而全身型围腰的覆盖面积不仅包括腰线以下的部位，而且还向上延伸至胸襟处（图1-5）。在一些装饰细节上，靠近汉区的羌族妇女偏爱"平绣"和"串绣"针法，西部、北部、南部地区喜用"十字绣"针法。

北部地区十字绣常为整幅围腰满绣装饰，色彩鲜艳、构图饱满、风格奔放（图1-8）；南部地区的十字绣色彩素雅、构图疏密有致、风格清秀（图1-10，图1-11）。

[1] 西南民族大学西南民族研究院. 川西北藏族羌族社会调查［M］. 北京：民族出版社，2008：337-338，387.

[2] 杨光成. 羌族历史文化文集. 《羌年礼花》编辑部（内部刊物），1994：228-229.

[3] 张皋鹏. 羌族妇女传统服饰地域性差异研究[J]. 四川戏剧，2011：79-83.

2 羌族服饰种类

　　羌族传统服饰虽因性别、年龄和地域的不同在外观形式上具有丰富的变化，但服饰种类却为数不多，其中羌族男装主要包括长衫、长裤、腰带和绣花鞋等基本类型，除此以外，头饰、背心、裹肚、通带和绑腿则为可选服饰品（图2-1）。羌族女装主要包括长衫、长裤、腰带、绣花鞋、头饰、背心、围腰和首饰等基本服饰品种，袖套、飘带和绑腿为可选服饰（图2-2）。以下论述中将忽略男女装服饰品种的差异，按服饰种类来阐述羌族服饰的外观特征和内在材料、结构和工艺属性。

头饰　　　　　　　　　　背心

长衫　　　　　　　　　　腰带

裹肚

绣花鞋　　　　　　　　　长裤

图 2-1 羌族男装服饰种类
（摄于茂县的三龙乡）

头饰

长衫
背心
袖套　　　　　　　　　　腰带

围腰　　　　　　　　　　飘带

绣花鞋　　　　　　　　　长裤

（a）　　　　　（b）

图 2-2 羌族女装服饰种类
（摄于茂县的三龙乡）

2.1 长衫

　　长衫是在羌族传统服饰中无论男女都必需的服装。与我国传统的汉族服装相同，羌族人穿着的长衫在形制上是一种上衣下裳式的服装，右衽、立领、长袖，衣长多至膝下，衣侧在髋关节位置以下开衩，衣摆略宽以便行走。羌族长衫常用的制作材料有麻布、粗毛呢、棉布、绸缎和化纤布料等，这些材料分别出现于不同的历史年代，隐含着羌族社会与文化发展的历史遗迹。

　　麻布和牦牛毛织物（当地称为"毪子"）是羌族传统服饰使用历史最悠久的织物，这两种织物都生产于当地，因此也是最常用的服装材料。由于成本较低，又能自产，在过去麻布和牦牛毛织物是羌族日常服装的主要用料，用这两种织物加工制作的长衫一般比较简朴，其颜色多采用本色（米白色），只在立领、门襟、袖口、开衩边和下摆等部位的内侧贴缝3厘米左右的贴边，以加固长衫各边缘部位的牢度并提高服装穿着的舒适性（图2-3）。

　　明清以后，随着与汉、藏两族文化交流的日益密切、互市的日渐频繁，羌族人也开始并越来越多地使用从汉、藏族地区输入的棉布或绸缎来制作长衫。由于不同文化的传播和影响，靠近嘉绒藏区的羌族人较多地使用织锦绸缎，靠近北方草地藏族的羌族人更喜好牦牛毛织物，而靠近汉区的羌族人则偏爱棉布。因为完全靠外地输入并且价格昂贵，所以在过去棉布和绸缎多作为羌族珍贵礼服的用料，用棉布或绸缎制作的长衫其做工一般都比较精细考究，装饰也比较精美丰富，衣领、门襟、袖口、开衩边及下摆部位的外侧常用花纹织带和贴绣图案加以美化装饰。例如，在衣侧开衩口处和下摆左右两角贴缝花纹织带、贴绣"如意"和"蝙蝠"图案等。这些装饰不仅美化了服装，加固了衣边，同时还赋予了美好的祝愿（图2-4）。

图 2-3 麻布长衫（摄于理县蒲溪乡）

（a）理县蒲溪乡

（b）茂县曲谷乡

图 2-4 缘边棉布长衫

20 世纪 80 年代以来，从内地输入到羌族地区的化纤面料因其经久耐用、色彩艳丽、洗涤方便、质地平整、价格低廉等优点成为羌族传统服装面料——麻布的最佳替代品，在羌族民众中迅速普及，得到广泛使用（图 2-5 ）。使用化纤面料制作的长衫在工艺上多使用现代缝纫机加工制作，蓝色是最常用的颜色，长衫中的装饰织带多从外地购置而得，有时也使用半成品的机绣绣花纹样替代传统的织带装饰。在生产方式上，传统的自给自足的手工缝纫也逐渐被现代机器设备加工缝制所取代，人们穿着的服装也越来越多地购置于服装加工作坊，手工缝纫的麻布长衫渐渐消失于日常生活中，而逐渐成为羌族民众只在举行传统宗教仪式、重大节日或婚丧仪式中穿着的服装，成为一种历史的记忆和传统文化符号。

图 2-5 化纤面料制作的长衫（摄于茂县的黑虎乡）

2.2 头饰

　　羌族各地无论男女都喜用布料缠头为头饰。其中男子缠头各地都比较统一，其造型类似过去四川的汉族男子，即以黑色或白色长布缠绕头顶。而对于羌族妇女而言，不同地区的头饰却有许多变化，具有鲜明的地域性差别和本土特色，其头饰的穿戴方法及造型是区分各地羌族族群分支的重要标志。从服饰学的角度而言，羌族头饰均为"非裁缝"类服饰品，即不通过裁剪缝制等工艺加工制作，只需将一块布料按一定的方式折叠、覆盖或缠绕于头顶进行佩戴和造型，根据穿戴方式和造型特点，羌族妇女头饰可分为"搭盖型""缠绕型""综合型"三种类型（图 2-6~ 图 2-8 ）。

"搭盖型"头饰主要流行于羌族聚居区的西北一线。这一地带靠近嘉绒藏族地区，由于受嘉绒藏族文化的影响，服饰上吸收了嘉绒藏族的服饰特点。搭盖型头饰是将布料折叠为多层，搭盖于头顶，然后将发辫、绳辫或银制发箍将盖头布束缚于头顶。盖头布料常为黑、白、红三色，黑色和红色的盖头常以彩色绣花为装饰（图 2-6）。

"缠绕型"头饰普遍见于靠近汉族地区的东南一线，是将缠头布按一定方式缠绕于头部所形成的饰品，一般分内外两层。里层缠头布与发辫相互缠绕盘结固定于头部，外面的缠头布则在里层的基础上缠绕头部进行造型（图 2-7）。虽然缠绕型头饰都是通过缠绕的方式进行穿戴，但其造型和穿戴方法的一些细节在不同的地区有相应的变化。例如：北线一带羌族妇女的缠头造型硕大粗犷；南线及东线一带的羌族妇女缠头造型较为细小清秀。一些地区的羌族妇女还喜欢在缠头布的两端施以彩色绣花为装饰。例如：三龙乡妇女的缠头布两端的彩绣在缠绕后显露于外表，给缠头增添了不少绚烂多彩的气氛（图 2-7）；而蒲溪乡羌族妇女缠头布两端的绣花装饰通过特殊的缠绕，内插固定于缠头的前端，形如"虎耳"，显得生动有趣（图 2-4）。

"综合型"头饰是指兼备"搭盖型"和"缠绕型"两种头饰特点的一类头饰，特指茂县渭门乡和黑虎乡出现的两种特殊的羌族妇女头饰。这类头饰的特别之处在于头饰在佩戴时是将头饰布料的一端搭盖于额前、头顶，然后将头饰的其余部分缠绕于头上，通过缠绕打结固定于头顶。"综合型"头饰的包括黑虎乡和渭门乡羌族妇女的头饰，虽然两者同属于同一类型，但其造型和佩戴方法却迥然有别[图 2-8，图 2-2（b）]。

图 2-6 搭盖型

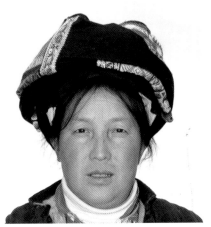

图 2-7 缠绕型

图 2-8 综合型

2.3 背心

背心既保暖又不防碍四肢劳作，是羌族人民最为喜爱的服装品种之一。在羌族百姓中最为普及的是带毛的羊皮背心，除此以外比较流行的是棉质对襟背心。

羊皮背心在当地人中称为"羊皮褂褂"，羌族男女老少都喜爱穿着，是羌族服饰中最具特色的服饰之一。

由于其在羌族中具有广泛的普及性和极高的同一性，而成为具有羌族标志性文化特质的服饰品种（图2-1，图2-9）。羊皮背心为对襟结构，内外表层质地不同，一面是皮面，另一面是毛面。毛面朝里穿，内可以保暖，外可以防磨；毛面朝外穿，可以利用羊毛的拒水性来防雨。背心的袖孔、门襟和衣摆均用3厘米左右的宽皮条缘边，并且均用细皮条作为缝合线。

棉质背心一般为黑色或蓝色的棉布制成，多为羌族妇女穿用，各地因文化习俗的不同，其结构和表面装饰风格各异。在结构上，大多数棉质背心为对襟结构，只有羌族聚居区北线一带的羌族妇女穿着的背心为斜襟结构（图2-10右图）。在装饰上，各地繁简不一：有的背心为素色，没有任何装饰；有的地区流行在领口、门襟处贴缝花纹织带为装饰；其中装饰最繁复的要数蒲溪乡一带流行的棉质背心，其结构为对襟，衣侧两边角开衩，前、后衣片所有的边缘线均有镶边和花纹织带装饰，领口线处以彩色滚边勾出假领，领角以"万字纹""回形纹"装饰，门襟和衣角以彩色滚边镶出"如意"和"蝙蝠"图案象征"吉祥如意"，领口、门襟和衣摆还贴缝花纹织带，使背心的图形轮廓更加鲜明突出（图2-4）。

羌族民间还流行一种很有民族特色的毛质背心，这种背心是用牦牛毛纺织而成的粗毛呢经过简单的裁剪缝制而成的。与一般的背心相比较，毛质背心较长，衣长过膝盖。颜色多为牦牛毛的本色——棕色，对襟结构。整件背心由4块长方形毛呢料缝制而成，其中前后衣片为一整块的面料组成，只在前衣片的中心线处剪开，在领口处裁剪成圆形便于穿着，两侧由2片长方形面料将前后衣片连接起来形成完整的毛质背心（图2-11）。毛质背心的这种简单裁缝结构和工艺反映了人类早期创造裁剪式服装的原初思想，是研究远古时期服装起源的活标本。

图 2-9 羊皮背心
（羊皮褂褂，摄于理县蒲溪乡）

图 2-10 棉质背心（摄于理县的佳山和茂县的牛尾巴寨）

图 2-11 粗毛呢背心（摄于理县蒲溪乡）

2.4 围腰

围腰几乎是羌族妇女必不可少的日用服饰品。羌族妇女在劳动中为保持长衫免受污损，常常会在长衫外腰间处围系一条围腰。羌族民间所使用的围腰分"半身"和"全身"两种类型（图2-12）：半身型围腰上端齐腰，下至膝盖以下；全身型围腰上端延伸至胸襟，几乎成半件衣裳。半身型围腰通过缝缀于围腰上端两侧的腰带束紧固定于腰间；全身型围腰除腰带以外，还会在胸襟部位用吊带吊挂于颈部。出于实用的考虑，围腰的腰腹部一般会贴缝两只口袋，以便储放必要的随身物件。

围腰不仅是一种实用品，也是勤劳智慧的羌族妇女施展自己高超刺绣技艺的艺术天地，围腰的口袋及幅面常常是羌族妇女绣制各种绣花图案的领地。围腰上的刺绣图案及工艺，不同的地区有各自的偏好和特色。羌族民间刺绣中最常见的是"挑花绣"（或称为"十字绣"），"挑花绣"是因为在刺绣时绣花人通过计数绣花布料的纱线数（称为"数纱"）挑刺布料引导绣线布局构成图案而得名，又因为此种刺绣的绣花图案均由十字形单元构成而另称为"十字绣"[图2-12（a）]。"挑花绣"针法简单易学，构图灵活多变，针迹平整坚实，绣工简单高效。挑花绣既能够美化绣品，又能够提高绣品的牢度而深受羌族妇女的喜爱，在羌族民间流行极为广泛。

除"挑花绣"以外，"平铺绣"在羌族地区也比较流行。"平铺绣"是将绣线按照图案的外形在各色块内平铺排列构成内部填实的各种图案[图2-12（b）]。"平铺绣"针法细腻、变化丰富、构图精美、色泽艳丽、立体感强，但技艺要求高、耗费工时。

图 2-12 羌族妇女的半身和全身型围腰（摄于茂县南新镇和渭门乡）

　　羌族聚居的中心区和北线一带（例如渭门和叠溪等地）还流行一种"串绣"刺绣针法。"串绣"的线迹成半圆形套索状，前后针线环环相扣，形成点、线、面，构成变化丰富的各种图案（图2-13）。"串绣"针法简单，以线条构图为主，一般用白色绣线在黑色底布上绣制花草图案，绣制时主要通过勾勒线条构成图案，构图随意自如，针迹较大，但线路清晰明快，既能够获得完美的装饰效果，又能够减少绣工，是功效较高的刺绣针法。

图 2-13 围腰贴袋上的串绣图案（摄于茂县的叠溪镇）

2.5 飘带

围腰上端两侧的束腰带称为飘带,通常用白布制成,两根带子在身后打结悬于身后,束腰带的端头多以"纬编针"或"平铺针"针法绣满装饰纹样(图2-14)。

图 2-14 羌族妇女服饰及束腰带编织绣和平铺绣刺绣纹样
(摄于茂县的三龙乡)

2.6 绣花鞋

绣花鞋是羌族最具特色的服饰品之一，羌族不分男女在农闲时都喜爱穿绣花鞋（当地人称为"云云鞋"）。从外形上，绣花鞋分"尖头"和"圆头"两种类型：尖头绣花鞋的鞋头尖而上翘，形如船，鞋面中线有突起的脊，通常用本色的皮革材料包边（图 2-15）；圆头绣花鞋的鞋头呈圆形，鞋面平整（图 2-16）。绣花鞋的刺绣图案根据性别、年龄和场合的不同各有差异：女式绣花鞋多绣花草纹样，男式绣花鞋多绣彩云图案；年轻人穿着的绣花鞋色彩绚丽多彩，老年人穿着的绣花鞋颜色素雅清淡；喜庆场合穿用的绣花鞋色彩艳丽，丧葬场合穿着的绣花鞋颜色素净。

图 2-15 尖头型

图 2-16 圆头型

结构上，绣花鞋分鞋底和鞋帮两个部分，鞋帮的制作首先用糨糊将 3~4 层布料黏合起来晾干，再根据脚的大小尺寸按样板裁剪作为鞋帮的内衬（当地人称为"布壳子"），内衬外加上里、外面布并在外表面绣花。鞋底多为 3 层，也有 5 层的，其中最里层一般为竹笋壳加棕树皮，中间层为布料，最外层为麻布。这种鞋底可以有效地发挥各种材料的优良性能：竹笋壳和棕树皮用于滤汗，布料用于保暖，麻布能够耐磨。鞋底各层常以不同颜色的棉布包边（其中红、白、灰为常用色），再用麻线纳紧制成鞋底。绣制完成的鞋帮再用麻线缝合至鞋底上，即可做成完整的绣花鞋。

2.7 腰带

为便于长衫的穿着，腰带几乎是羌族同胞必备的服饰品。长衫外系上腰带，使宽松的衣裳紧束身体，不仅能够增强其保暖性，而且便于行动，同时还使得着装者显得整洁干练。腰带通常为麻、毛编织带，长约 3 米，宽 10~20 厘米不等，腰带两头留有长约 30 厘米的绳线流苏，有的流苏上缀有珠饰。在色彩上，腰带一般分单色、杂色和织纹等多种类型：单色腰带多为黑、白、红三种颜色（图 2-17）；杂色腰带则由多种颜色的绳线缠绕而成（图 2-18）；织纹腰带有编织的纹样，多流行于受嘉绒藏族文化影响比较大的地区（如理县的薛城等地）。

织纹腰带上的织纹由若干方形的"万字纹"图案按径向依次排列而成,这些纹样是由黑白经纬纱编织而成的,织带两经向幅边多以红色"回形纹"为装饰(图2-19)。

图 2-17 羌族妇女着装(摄于理县薛城水塘寨)

图 2-18 织纹腰带(摄于理县通化乡西山寨)

图 2-19 米色腰带（摄于理县通化乡西山寨）

2.8 通带

除腰带以外，羌族男子腰间还常系"通带"。通带多为彩色，用长 165 厘米，宽 17 厘米的布料按螺旋状自绕缝制而成，两端与另外的黑色菱形绣片缝缀，两头呈 90 度尖角。成品通带为筒形结构，穿戴时内可装钱物，捆于腰间，在身后打结后悬吊于后背（图 2-20）。

图 2-20 通带

2.9 袖套

袖套既可以保洁又具有一定的装饰性，是羌族妇女常用的服饰品。袖套一般为长筒形，穿套于腕关节至肘关节的前臂处，长宽尺寸约为 30 厘米和 15 厘米，上端略宽，两头有松紧带以便穿戴，颜色多为黑色、蓝色和红色等，袖套表面常贴缝各种纹样的织带或刺绣图案加以装饰（图 2-21）。

(a) 十字针绣花袖套

(b) 平铺针绣花袖套

图 2-21 袖套及其装饰纹样

2.10 绑腿

绑腿是捆绑于小腿用于保暖和护腿的服饰物品。绑腿多为麻布、粗毛呢制得，一般分内外两层，里层紧裹小腿，外层用彩色细条布料缠绕紧束绑腿。一些地区在绑腿端头拼缝彩布或系绣花飘带为装饰（图2-18）。

图 2-22 羌族服饰中的绑腿（摄于茂县太平乡牛尾巴寨和叠溪镇）

2.11 裹肚

裹肚是羌族男性所穿戴的服饰品，外形如倒三角形，上端两头接系带拴于腰间（图2-23）。裹肚为内外两层结构，外层为搭盖多以绣花装饰，里层为口袋用以储放物件。裹肚通常用正方形的麻布作为内衬，以正方形的对角线为三角形的斜边，里外两面各贴缝黑色三角形布块，外层用于搭盖装饰，里层用于承装物品。

图 2-23 羌族男性穿戴的裹肚（摄于茂县三龙乡）

3 羌族服饰式样的数字化保护

羌族服饰式样的数字化保护主要是根据服饰实物，利用相关的绘图软件绘制服装款式图、织带纹饰和刺绣图案等，真实形象地记录和表现羌族服饰的外在特征，建立相应的羌族服饰式样数字资料库。与现代时装相比较，羌族服饰的结构相对比较简单，而其鲜明的特色表现在丰富多彩的织带纹饰和刺绣图案方面，因此羌族服饰式样选择Adobe Illustrator一类的"矢量图"绘图软件最为适宜。首先，这类绘图软件不仅能够规整地表现服饰的造型、外观和颜色，还能够精细地刻画各种纹饰和图案；其次，利用Adobe Illustrator绘制的服饰式样图为"矢量图"文件，这类图形文件不仅所占磁盘空间少，而且无论如何放大都不会损失图形的分辨率（不会影响图形的清晰度）；最后，一旦在Adobe Illustrator创建出原始的羌族服饰式样图即可方便随意地改变其颜色、纹饰或填充图案，典型的纹饰、图案可以形成相应的数据库为绘制或设计其他同类式样的服饰所用，原图形还能够导出为其他格式的图形数字文件，为羌族服饰的设计和现代化应用打下坚实的基础。以下即以Adobe Illustrator绘图软件为例，介绍羌族服饰式样数字化保护的内容及服饰式样图的绘制原理和方法。

3.1 服装款式图

服装款式图用于表现服装的外观特征，包括服装的款式、色彩、图案和纹样等。羌族服饰中的长衫、背心、围腰和鞋等均属于中式服装款式，即长衣宽袖、横平竖直、结构简洁，但在服装的花边图案和刺绣图案等装饰上具有明显的地域性差别，其服装样式可通过数字化的服装"着装图"和服装"平面图"来表现。

3.1.1 服装着装图

服装着装图是用于描绘羌族服饰穿着于人体上的服装款式图，能够反映出各类羌族服饰的立体造型、款式风格和服用功能等特性。羌族服装的着装图可以在 Adobe Illustrator 中进行绘制，在绘制过程中可以首先绘制出人体图，然后从内到外依次绘制各类服装的款式。服装的绘制应力求保持各类服装的独立性和完整性，这样可模拟现实生活中穿着服装的情景，当外层服装脱下时，内层服装依然能够完整地加以呈现（图 3-1）。

羌族传统服饰有着很大的地域性差异，羌族服装着装图需反映出这一特点。根据羌族各分布区域在服装品类、款式、色彩、织带纹饰、刺绣图案及常用针法的区别，以男、女性别为类别，分别绘制出完整的服装款式图，进而创建能够区分区域特征的羌族服饰着装图库，作为羌族服饰族群分支区域划分的标准（图 3-2）。

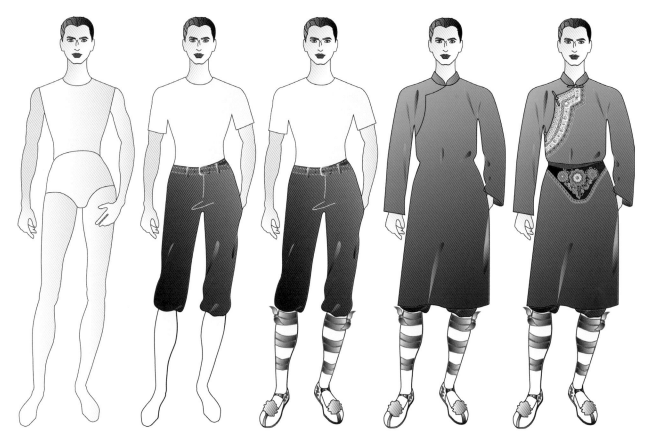

图 3-1 羌族服饰着装图的绘制

图 3-2 羌族男女服饰的着装图（茂县叠溪乡）

3.1.2 服装平面图

服装平面图主要用于表现羌族服饰外形的平面结构、材料的颜色以及织带贴边纹饰或刺绣图案等细节，是真实记录和反映羌族服装外观特征的数字文件。羌族服饰的平面图可通过绘图软件 Adobe Illustrator 加以绘制。其绘制原理和方法一般通过软件中的"钢笔"工具绘制服装的外形，服装各部件一般通过相对封闭的图形来表现，其中可填充相应的颜色或图案[1]。如图 3-3 所示中的长衫，其大身部分是深蓝色，领口显露出夹里的条格图案是通过一个封闭的图形填充条格图案进行描绘，而门襟、袖口、衣下侧和下摆边缘镶拼的黑色贴边则是以黑色填充的相关图形加以表现。服装平面图中的填充色或图案可以根据需要随意进行更改和变化。

羌族服饰的门襟、袖口、衣边或下摆等边角处常会贴缝一些具有各种纹饰的织带或刺绣一些图案为装饰，这些复杂的线型装饰可应用预先创建的各种纹饰"画笔"加以描绘（详见"3.3 织带纹饰"一节）。利用"画笔"所创建的线型装饰，可以形成相应的织带或刺绣纹饰"画笔"库，其中任何一种纹饰"画笔"都可以根据需要应用于任何形式的"描边"（线条图形）之中，将其变为相应的线性装饰图样，以模拟线形织带纹饰或刺绣图案。在 Adobe Illustrator 中所创建的各种纹饰"画笔"可以根据需要任意改变其颜色或主色调，这样即可以对原始纹样或图案进行革新和再设计，以便于羌族服饰的现代化应用和发展。如图 3-3 所示绘制的四川省阿坝藏族羌族自治州理县大歧山地区的羌族妇女传统服装，其门襟、袖口、衣边和下摆边缘处的贴边装饰均是用相应的"画笔"加以表现的，其式样和主色调均可根据需要进行随意更改和变化。

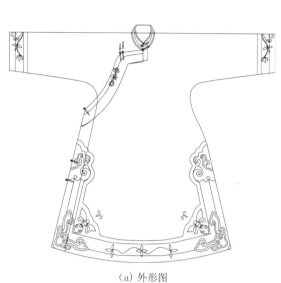

（a）外形图

（b）着色图

图 3-3 羌族服饰（长衫）的平面图

3.2 服饰配件式样图

3.2.1 服饰配件着装图

在羌族服饰配件中，头饰虽然是简单的方块形平面结构，但其穿戴方式比较复杂，平面结构与穿戴后的立体造型差异很大，因此适合用着装图来表现其造型式样。为了全面地反映出头饰的式样，应当绘制出头饰穿戴后的正面、侧面及后面的造型（图 3-4）。

（a）搭盖型头饰

（b）缠绕型头饰

图 3-4 头饰穿戴图

（c）综合型头饰

3.2.2 服饰配件成品图

　　裹肚、通带、绣花鞋及虎头帽（儿童用）等属于简单裁剪和缝制的服饰配件，其裁剪的平面结构与成品的立体造型之间具有一定的差异，其式样适合用成品图来展现。根据各种服饰配件的立体造型和使用功能选择不同的视角来表现不同服饰配件的成品图。例如：裹肚的成品图分别用正面、反面和里面三个视图来表现其式样（图3-5）；绣花鞋可通过侧视图和俯视图来表现（图3-6）；通带用正面图和端头的绣片图来表现（图3-7）；而儿童穿戴的虎头帽则是以正面和左、右两个侧面来表现的（图3-8）。

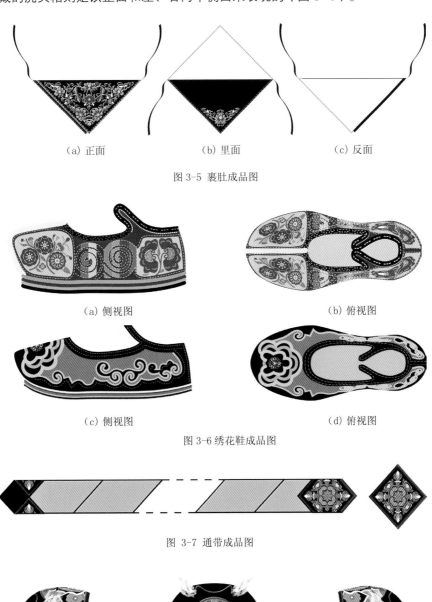

（a）正面　　　　　　　　　　（b）里面　　　　　　　　　　（c）反面

图 3-5 裹肚成品图

（a）侧视图　　　　　　　　　　　　　　（b）俯视图

（c）侧视图　　　　　　　　　　　　　　（d）俯视图

图 3-6 绣花鞋成品图

图 3-7 通带成品图

图 3-8 虎头帽成品图

腰带、围腰、飘带、袖套和通带等服饰配件平面结构与穿戴后的造型比较相近，其式样可以用平面结构图来表现（详见 4.2）。

3.3 织带纹饰

在羌族传统服饰中，常常以线形排列的纹饰织带来装饰服装的门襟、袖口、衣边和下摆的边缘，因此织带纹饰是羌族传统服饰中极为重要的装饰元素。羌族服饰中的织带纹饰可以通过 Adobe Illustrator 相关工具加以创建，并以"画笔"形式进行保存，进而建立织带纹饰的数字资料库以备后用。表现织带纹饰的"画笔"以羌族民间所流行的织带为蓝本绘制完成，其具体的方法为：① 分析并提炼出织带纹饰中连续排列的图案单元；② 以这些图案单元为蓝本，利用 Adobe Illustrator 钢笔工具绘制出图案的外形，并填充适当的颜色；③ 依照图案单元创建"画笔"所需的各种拼贴图案（图 3-9），建立织带纹饰"画笔"库[2]。

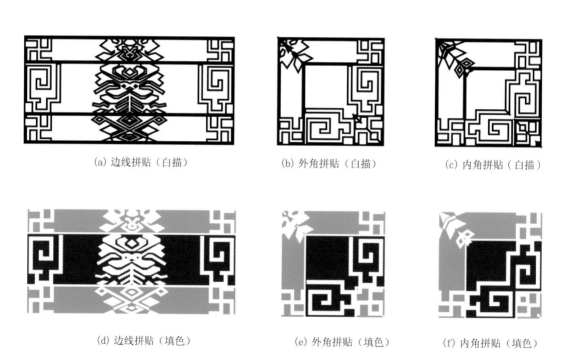

（a）边线拼贴（白描）	（b）外角拼贴（白描）	（c）内角拼贴（白描）
（d）边线拼贴（填色）	（e）外角拼贴（填色）	（f）内角拼贴（填色）

图 3-9 织带纹饰"画笔"的创建

羌族服饰中的织带纹饰以数字化的"画笔"方式进行处理和保存，不仅能够完美地表现其中的图案和色彩，还能够极为方便地用于描绘羌族服装中的织带装饰。如图 3-10 所示，通过"画笔"处理相关的"描边"（线条），之前预制的织带纹饰的图案单元即能够依照被处理线条进行排列，并按照线条弯曲的走势进行分布，从而真实地表现出现实服装中纹饰织带的外观特征。另外，"画笔"中的纹饰还可以根据"画笔"的主色调进行颜色的变化，也可以根据需要改变其宽度（图 3-10）。

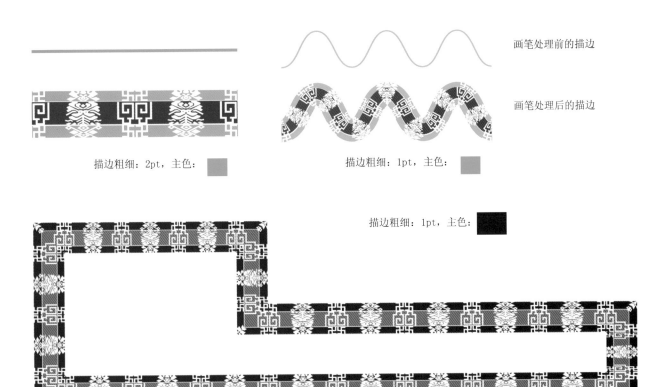

画笔处理前的描边

画笔处理后的描边

描边粗细：2pt，主色：☐　　　　描边粗细：1pt，主色：☐

描边粗细：1pt，主色：■

图 3-10 织带纹饰"画笔"的应用

3.4 刺绣图案

　　除织带纹饰外，刺绣也是羌族服饰中应用极为广泛的装饰工艺。羌族服饰中常见的刺绣针法包括上下绣、回针绣、套锁绣、打结绣、缠绕绣、对位绣、贴缝绣和编织绣等八种类型（详见 4.3）。其中"上下绣"类的"十字针"，"套锁绣"类的"锁链针"和"锁边针"，"打结绣"类的"豆形针"，"缠绕绣"类的"缠绕针"等针法所形成的线迹均有独立的造型，这些线迹自身的外形需要真实地加以描绘。除此以外，其他类型的刺绣针法主要通过直线形的刺绣线迹排列组合构成一定的图案，因此这些针法应着重对其构成的图案进行数字化描绘和记录。

　　羌族服饰中"上下绣"类的"平铺针"是最普遍的刺绣针法之一，在进行刺绣作业时通过行针走线将绣线平铺排列于织物表面形成相应的刺绣图案。"平铺针"所绣制的图案，表面光滑平整，形象饱满生动，具有较强的立体感和写实性，这类刺绣应着重对图案的搜集和数字化描绘。具体的方法可利用绘图软件 Adobe Illustrator 中的"钢笔"工具描绘刺绣图案的外形，然后选择相应的颜色填充其内即可（图 3-11）。

　　"锁链针""豆形针"及"缠绕针"等具有独立造型功能的针法在进行数字化描绘时，除了需要绘制这些针法所构成的图案以外，还需要表现出针法线迹的造型特征。由于这些针法一般是将线迹所构成的图案单元进行"线性"的连续排列来构成一定的线迹装饰，因此可以利用 Adobe Illustrator 的相关工具来创建刺绣线迹"画笔"，将这些"画笔"应用于刺绣图案的外形线，即可有效地表现出刺绣的图案，同时反映出刺绣线迹自身的造型特征。

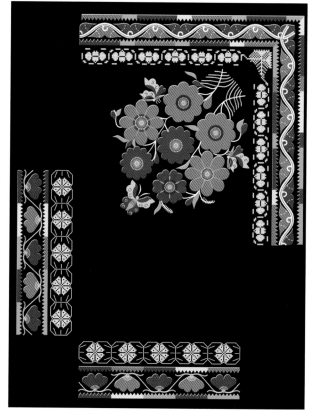

图 3-11 "平铺针"刺绣图案的绘制

在 Adobe Illustrator 中的针法"画笔"与织带纹样"画笔"的创建方法相同,即利用 Adobe Illustrator 软件的"钢笔"工具绘制具有独立造型功能的刺绣针法线迹中二方连续的图案单元,并据此创建"画笔"的各拼贴图案元素,建立相应的"画笔"(图 3-12)。例如在羌族民间部分地区很流行的"锁链针"是由环环相扣的锁链形绣线线圈构成的,由于操作简单、构图灵活、效率高而深受羌族妇女的喜爱。锁链针"画笔"的创建和应用可按以下程序进行:首先利用"钢笔"工具绘制锁链形刺绣纹饰中连续排列的图案单元作为"画笔"的"边线拼贴";其次绘制"画笔"的"外角拼贴""内角拼贴""起点拼贴"和"终点拼贴"图案,创建锁链针"画笔"(图 3-12);最后用锁链针"画笔"处理刺绣图案的外形线条,即可获得变化多样的锁链针数字图案。创建完成的刺绣针法"画笔"可以处理 Adobe Illustrator 所绘制的任何形式的线条,处理后的线条可表现出相应刺绣针法的线迹造型(图 3-13)。

图 3-12 锁链针"画笔"的创建　　　　　　　　缠绕针"画笔"的创建和应用

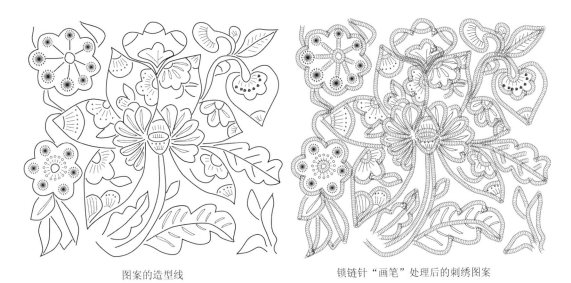

图案的造型线　　　　　　　　　锁链针"画笔"处理后的刺绣图案

图 3-13 刺绣针法"画笔"的应用

羌族民间非常流行的"十字针"，其图案由相互交叉成"X"形的线迹单元构成，每一个"X"形线迹单元由相应的正方形的两条对角线构成，因此"十字针"所构成的图案多成规则的几何图形。"十字针"中的"X"形图形单元可以构造刺绣图案中的点、线、面等图形元素，因此，在 Adobe Illustrator 中可以将"X"形图形单元作为一种"图案"填充于刺绣图案的外轮廓线内，即可描绘出"十字针"的各种刺绣图案。

要在 Adobe Illustrator 中创建"十字针"刺绣数字图案库，首先可根据线迹的长短确定一个正方形（可以依照软件网格线来确定其大小），以该正方形的两条对角线构成的"X"形作为"图案"建立于软件的"图案色板"中以备后用；然后根据所要绣制的图案外形，用"钢笔"工具以整数倍单位长度的水平线或竖直线勾画出图案的外轮廓 [图 3-14(a)]；最后将预先创建好的"X"形"图案"填充于刺绣图案的外轮廓线内，即可获得造型准确，质地逼真的"十字针"图案 [图 3-14(b)]。以该方法所绘制的"十字针"图案既能够根据图案外形快速地描绘出图案的整体外形，还能够真实地表现出具体的"十字针"的线迹特征，当图案外形变化时，其中的"X"形图案单元也会随之而改变填充的区域，图案的编辑和应用都极为方便。

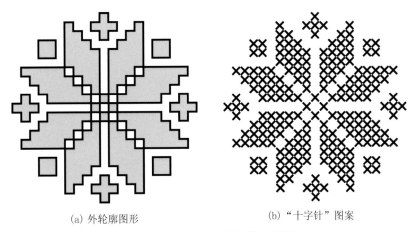

(a) 外轮廓图形　　　　　　　　　(b) "十字针"图案

图 3-14 "十字针"图案的数字化描绘

在茂县曲谷乡一带，羌族妇女穿着的长衫喜欢采用贴边针装饰领口、门襟、侧边和下摆边缘，在衣裙正面或前、后衣角采用贴布针作装饰（图 3-15）。其中贴边针是用布条做成的滚边，通过贴边针缝缀在服装边缘构成"回形纹"装饰边，其纹饰由连续排列的图案单元所构成，在数字化描绘和记录中，可以在 Adobe Illustrator 软件中通过创建相应的"画笔"加以处理。如图 3-16 所示的就是在 Adobe Illustrator 绘图软件中，通过若干个回纹"画笔"绘制的茂县曲谷乡羌族妇女穿着的长衫平面图。

图 3-15 茂县曲谷乡羌族妇女服饰

图 3-16 回纹"画笔"描绘的"贴边针"装饰

[1] 张皋鹏. 中文版 ILLUSTRATOR CS4 多媒体教学经典教程 [M]. 北京：清华大学出版社，2010，6.

[2] 同 [1]

4 羌族服饰工艺的数字化保护

　　服饰式样的数字化保护是对羌族服饰外在表观特征进行的一种静态、定性、最终化的研究，这回答了"羌族服饰是什么样的？"的问题。与之相对，羌族服饰工艺的数字化保护则是对羌族服饰内在构造技术和制作工艺的一种动态、定量、过程化的研究，这将回答"羌族服饰是如何成为这样的？"的问题。其中包括手工刺绣针法的工艺整理、服饰穿着流程的数字化整理、机绣刺绣工艺图的数字化整理以及可进行服装结构计算机辅助设计的程序编制等内容。

4.1 服装结构图

羌族传统服饰品种可归类为"悬挂型"和"缠绕型"服饰[1]。长衫、围腰等"悬挂型"服饰具有简单的裁剪和缝制工艺，在结构上与中国传统的服装结构相同，即长衣、宽袖、大襟（右斜门襟）、立领和缘边装饰等。羌族传统服饰中，有的服饰还保留着极为原始的制作工艺。例如羌族传统服饰中一种称为"毪子"的坎肩，其外观式样类似长背心，其内在结构却是由四片长方形的牦牛毛纺织面料缝制而成。其制作工艺几乎没有任何裁剪，保持着人类远古时期极为原始的制衣方式和技术手段，具有很高的历史文化价值。

与现代裁剪缝纫的服装类似，羌族传统服装长衫、背心和"毪子"等也需要将长方块的织物依照一定的结构图进行裁剪，裁剪后的衣片再相互接缝而成成衣。服装结构图即是根据人体尺寸及其立体造型特征而设计绘制的服装平面结构图，是服装裁剪和缝制的技术依据。服装结构图的结构线的外形和相关尺寸的设计和绘制称为服装结构设计（也称之为服装制版）。羌族传统服装的结构图（裁剪图）一般通过人工绘制而成，其设计和绘制技术主要通过口传心授的方式代代相传。这些民间工艺既不规范，又不易传授，对羌族传统服装结构设计技术需要科学的整理，并利用现代数字技术加以保护和应用。

羌族传统服装结构设计可以科学地归纳为相应的数学模型，依照数学模型即可利用制图软件 AutoCAD 的二次开发功能，编制服装数字化制图的应用程序，实现服装结构设计的计算机参数化制图，从而取代传统的服装手工裁剪的方式，使羌族传统服装结构制图达到科学化、精确化和高速化。以羌族最为常见的服装——长衫为例，其参数化结构制图的程序设计是根据服装结构的制图原理，设计服装结构图的数学模型；再将人体的颈围、胸围、衣长、袖长等尺寸作为参数，利用制图软件 AutoCAD 的 AutoLISP 程序开发语言，编制结构图的自动绘制程序。这样的制图程序将服装结构设计的人工技术和经验转化为数字制图程序，应用制图程序，通过设定相关的尺寸（颈围、胸围、衣长、袖长等）标准，即可在 AutoCAD 中迅速绘制出相应的服装结构图（图 4-1）[2]。

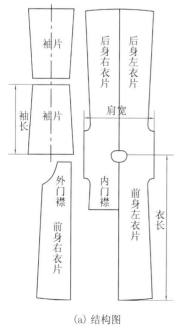

(a) 结构图　　　　　　　　　　　　　　　　　(b) 成衣图

图 4-1 长衫的结构设计

羌族传统服装的结构设计通过参数化制图的数字技术处理可以得到科学的规范、优化和保护。在此基础上，通过相应的软件程序即可实现羌族传统服装结构的参数化制图，快捷、准确、完整地复原传统的服装裁剪技术，同时也为传统服装裁剪技术应用于现代服装设计建立起相应的技术条件。

4.2 服饰配件结构图

羌族服饰配件结构图主要用于记录和描绘各类服饰配件的尺寸规格和制作工艺等技术信息，如同产品制造的工艺图。对于方块形结构的服饰配件，其结构简单，如果没有特殊的制作工艺，只需标示出服饰配件的成品尺寸规格即可（本文所标注的尺寸规格均为净尺寸，即不包括缝纫制作时所需要的缝份）。而对于需要裁剪和缝制等工艺制作而成的服饰配件，则需要记录并描绘其制作的尺寸规格及其主要的制作工艺。以下就一些典型的羌族服饰配件来说明其结构图的绘制内容和方法。

4.2.1 裹肚

裹肚为羌族男子常系于腰间用于放置烟丝或烟具等物件的服饰配件，裹肚一般由底衬和面盖两个部分组成。底衬一般用质地结实、表面比较粗糙的麻布制成，这样不仅经久耐用，而且能够增加表面的摩擦系数，使存放的物件不易滑落。底衬的结构一般为正菱形，对角线的长度约 40 厘米 [图 4-2(a)]。裹肚的面盖部分一般用绣花的黑布制成，面盖可用与底衬同样大小和形状的黑色棉布沿对角线裁剪而成。由正菱形裁剪分开的两块三角形面盖分别绣上相应的图案 [图 4-2(b)]，其中一块缝合在底衬正面的下半部位做成口袋 [图 4-3(b)]，另一半则缝合于底衬反面的上半部位做成搭盖 [图 4-3(d)]。在裹肚底衬对角线的两端分别缝缀约 30 厘米长的布条作为系带，裹肚即制作完成。

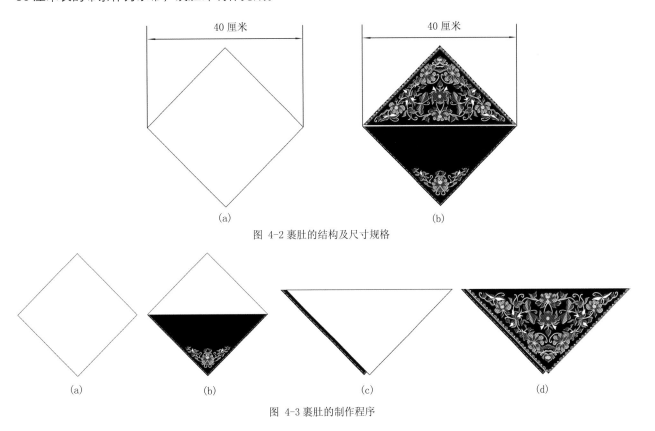

图 4-2 裹肚的结构及尺寸规格

图 4-3 裹肚的制作程序

4.2.2 绣花鞋

绣花鞋主要由鞋帮和鞋底两个部分组成，鞋帮为左右对称结构，有左右合一的或左右分开的两种类型：前者在脚后跟处缝合，再与鞋底缝制成成品鞋；后者需在前中线及脚后跟处缝合，再与鞋底缝合。为保证鞋的坚实度，前中线接缝处一般用皮条包缝，形成上翘的"脊背"造型。羌族绣花鞋的主要特色在于鞋帮上的刺绣装饰，在绘制绣花鞋结构图时既要准确地描绘出鞋帮和鞋底的结构，还需着重刻画鞋帮上的刺绣图案及相关的针法（图4-4）。

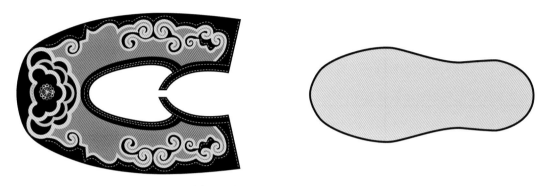

图 4-4 绣花鞋鞋帮及鞋底平面结构图

4.2.3 通带

通带主要包括筒形的布带及缝缀于布带两端的正菱形绣片，通带的成品净尺寸一般为长230厘米、宽10厘米（图4-5）。通带的制作包括裁剪、刺绣和缝纫等工艺，制作时首先裁剪长70.7厘米、宽7.07厘米的矩形布条用于制作通带的主体——布带，再裁剪两块对角线长为20厘米的正菱形布块作为通带的绣片（图4-6）；然后将布条沿45度角的折叠线[图4-6(a)]中的虚线所示螺旋式地折叠布条并同时缝合布边，形成两端为90度尖角的筒形布带（图4-7）；同时在两块绣片布块上绣制相应的图案[图4-6(b)]；最后将绣片侧边的两个角对齐正菱形的中心折叠并缝缀于通带的主体——布带的两端，完成通带制作。

图 4-5 通带的成品尺寸

（a）　　　　　　　（b）

图 4-6 通带的裁剪图

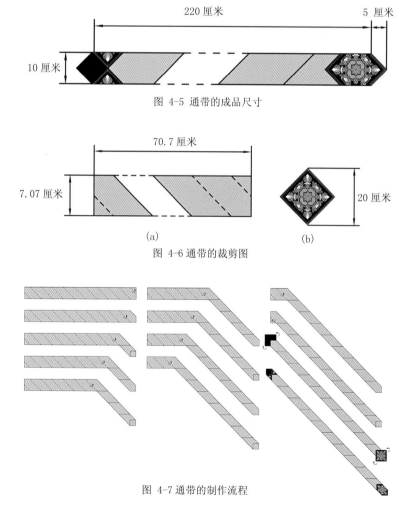

图 4-7 通带的制作流程

4.2.4 袖套

袖套一般为长 380 厘米、宽 180 厘米的筒状结构，其制作工艺比较简单，即裁剪一块长 380 厘米、宽 360 厘米的布块，在其上刺绣图案，再将两条侧边缝合起来，然后在上下两端卷边并在内穿套橡筋即可制成袖套成品。其结构及尺寸规格如图 4-8 所示。袖套在穿戴时刺绣图案装饰在手臂外侧，缝合线在手臂内侧。

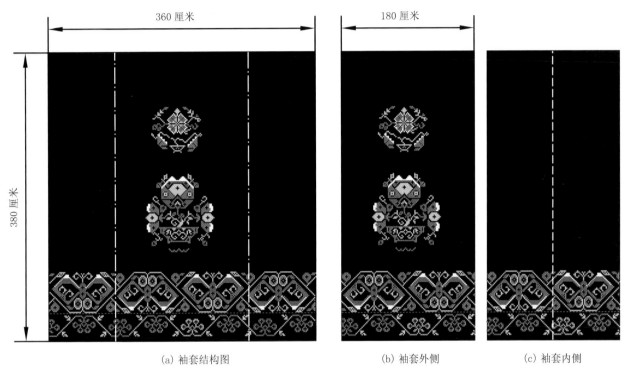

（a）袖套结构图　　　　　　（b）袖套外侧　　　　（c）袖套内侧

图 4-8 袖套结构图

4.2.5 织纹腰带

织纹腰带用彩色纱线编织而成，带长约 200 厘米、宽约 10 厘米（根据编织图案的形状及纱线的粗细其尺寸略有变化），两端留有长约 15 厘米的流苏。织纹腰带的结构图应当主要描绘其中的编织纹样、两端的纱线流苏和尺寸规格等信息（图 4-9）。

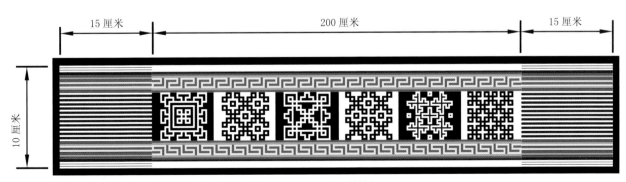

图 4-9 织纹腰带结构图

4.2.6 飘带

飘带是羌族妇女系于腰间的装饰品，其结构为表面绣有图案的筒形布条，飘带的尺寸为长约65厘米、宽7厘米，飘带端头多采用"平铺针"或"纬编针"绣制长约30厘米的装饰图案，其结构图主要描述刺绣纹样和尺寸规格等（图4-10）。

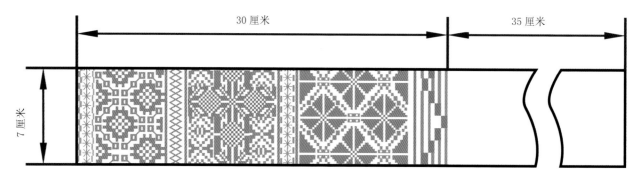

图 4-10 飘带结构图

4.3 手工刺绣针法

手工刺绣是羌族民间最为重要也是极有特色的服饰工艺，传统的羌族刺绣大多数都是由羌族妇女通过手工完成的，其美妙而生动的构图与精湛的刺绣技术，反映出羌族妇女的勤劳智慧。从工艺角度而言，刺绣是通过在织物的正、反面穿针引线，而在织物表面留下平铺、套圈或打结状的绣线线迹，从而构成某种装饰图案的针线工艺技术。刺绣一般是在纺织物上进行的，在刺绣过程中，绣针从反面穿刺织物并引导绣线穿过织物，这一过程称为"出针"。出针后绣针在织物的正面移动到适当的位置穿刺织物并引导绣线穿过织物，在织物背面抽拉绣针，使正面的绣线平覆于织物的表面，这一过程称为"入针"。每出入一针称为"一针"。在出针和入针之间进行绣针移动、绣线缠绕或打结等过程称为"行针"。刺绣时在第一次出针前需在绣线的末端打结以便在织物反面固定绣线端头，这一工艺称为"起针"。刺绣的最后一次入针后需在织物的反面将绣线在尽量靠近织物处打结以便固定绣线不至脱落，这一工艺称为"收针"。在刺绣织物表面进行出针或入针时所留下的针眼称为"针迹"。针迹之间的绣线称为"线迹"。线迹通过平铺、套圈或打结于织物表面进行各种造型，线迹、线圈或线结头按一定路径和方向排列，这种决定于图案造型的路径称为"行针路径"。上述各项刺绣工艺的总和统称为针法，即刺绣的施针之法。

表 4-1 手工刺绣针法类别

类型	针法	独立造型	绣制方法	实例	功能
上下绣	跑步针	无		图略	缝合，勾线
	平铺针	无			填图
	长短针	无			填图
	纬编针	无			填图
回针绣	顺回针	无			缝合，勾线
	倒回针	无		图略	缝合，勾线
	斜回针	无			勾粗线
编织绣	编织针	无			填图
对位绣	对位针	无			造型，锁边

（续表）

类型	针法	独立造型	绣制方法	实例	功能
套锁绣	锁链针	有			锁边，勾线
	锁边针	有			锁边，勾线
	拱形锁边针	有			封口
打结绣	豆形针	有			打点
	卷线针	有		图略	打结
缠绕绣	缠绕针	有			锁边，勾线
贴缝绣	贴线针	无			固缝绣线
	贴边针	无	同上	同上	固缝贴边
	贴布针	无	同上		固缝贴布
	雕花针	无	同上	同"贴线针"	固缝贴布
挑花绣	十字针	无			勾线，填图

我国民间流行的手工刺绣针法有很多种，各地因不同的文化习惯对同一种针法有着不同的称谓，例如"挑花绣"又称为"架花""十字绣"；而有的针法名称在不同的地域所指的针法又不尽相同，例如"挑花绣"，有的地方指挑纱刺绣这一类针法，有的地方专指"十字绣"。名目繁多的各种刺绣针法，其名称不外乎根据刺绣的绣制工艺、外观形式、内在结构以及功能用途等几个方面加以命名。为研究的统一规范性，本书采取以"绣制工艺"分类，以"外观形式""内在结构"或"功能用途"别名的规则，对羌族刺绣的各种针法进行归类和命名。由此羌族民间流行的刺绣针法可分为"上下绣""回针绣""套锁绣""打结绣""缠绕绣""构图绣""贴缝绣""编织绣"等八种类型，各类型又因刺绣针法的外形、结构或功能的不同分为"跑步针"等 20 种常见的针法（表 4-1）。从刺绣线迹的构造形式来看，羌族手工刺绣的不同针法可分为三种类型：其一是具有简单直线形线迹的无独立造型的针法；其二是具有独立造型线迹的针法；其三是刺绣线迹相互交叉的挑花绣针法。

4.3.1 非独立造型线迹的针法

羌族绣花中的"上下绣""回针绣""编织绣""对位绣""贴缝绣"等针法所构成的刺绣线迹都是简单的直线形，每一针都没有独立特定的造型，因此属于非独立造型线迹的针法。其刺绣工艺分述如下：

（1）上下绣

在刺绣织物的正、反面交替行针，正、反面线迹互不形成同向的交叉重叠。根据正、反面行针的方向不同或线迹的长短变化，上下绣可细分为"跑步针""平铺针""长短针"和"纬编针"（表 4-1 中的"上下绣"）。

"跑步针"是在织物正、反面交替行针，形成等距离间隔的刺绣线迹，由于线迹如同人跑步时留下的足迹而得此名。该针法多作缝合之用（表 4-1 中的"跑步针"）。

"平铺针"是由紧密排列的上下绣线迹构成填充式的图案，其线迹的行针方向与行针路径成垂直角度或一定的斜角。"平铺针"的针迹排列整齐，构成的图案轮廓清晰，色泽鲜明，故也称为"缎纹针"（表 4-1 中的"平铺针"）。

"长短针"与"平铺针"的行针方法相同，只是刺绣线迹的长短根据需要长短不齐，主要用于表现不同色彩在交接处的过渡或混色效果（表 4-1 中的"长短针"）。

"纬编针"是绣针牵引绣线沿着织物的纬纱方向通过上下绣行针，在进行刺绣作业时，绣针如同织布机的"梭子"沿织物的纬向来回行进，根据刺绣图案的外形上下穿刺织物行针，连续左右来回逐行绣制完成一定的纹样，最终形成正反面形状相同、阴阳相反的刺绣图案（表 4-1 中的"纬编针"）。

（2）回针绣

在刺绣织物的正、反面按相反的方向交替行针，上、下线迹交错重叠。根据行针方向的不同，此类针法可细分为"顺回针""倒回针""斜回针"（表 4-1 中的"回针绣"）。

"顺回针"指刺绣的行针方向与线迹的走向相同，刺绣织物的正面线迹首尾相连，反面线迹部分重叠（表 4-1 中的"顺回针"）。

"倒回针"指刺绣的行针方向与线迹的走向相反。与"顺回针"相反，刺绣织物的正面线迹部分重叠，反面线迹则首尾相连（表4-1中的"倒回针"）。

"斜回针"指刺绣的行针方向与线迹的走向成一定的角度。与"倒回针"相似，刺绣织物的正面线迹会部分重叠（表4-1中的"斜回针"）。

（3）编织绣（针）

指两组绣线只在刺绣图案的四周穿刺织物固定，在图案区域内则仿效织布的方式，分别沿经、纬向脱离于织物独立行针，线迹纵、横排列并相互交织，形成平纹布纱线纹理。此类针法称为"编织绣（针）"，因为常应用于织补破损的布料而俗称为"织补针"[表4-1中的"编织绣（针）"]。

（4）对位绣（针）

指以"上下绣"针法通过往返两组行针，绣制出单纯的直线形线迹，与"上下绣"的区别在于其正反面线迹的方位完全对应一致，"对位绣（针）"也因此而得名。"对位绣（针）"在刺绣时线迹一实一虚交替行针，两组行针的刺绣线迹的虚实关系正好上下互补，组合起来即可构成正反面线迹完全相同的刺绣图案（图4-11）。"对位绣（针）"的操作简单、构图灵活、变化多样，但刺绣的行针程序和路径需要根据图案的外形特点进行相应的分组和规划，使得往返行进的两组行针路径形成首尾连贯的循环体系，才能绣制出线迹连续完整、正反面纹样相同、线迹不重复的刺绣图案。如图4-11所示的是在羌族民间非常流行的一种线形装饰的"对位绣"纹样。

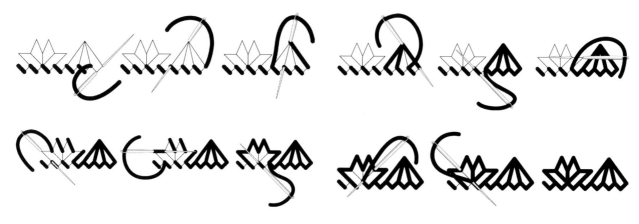

图 4-11 对位绣（针））

（5）贴缝绣

将绣线、织带或剪切成某种图形的布料平贴于织物上，再通过上下绣、锁链绣或套圈绣等针法将其缝缀于织物上。根据贴缝的对象不同，此类针法可细分为"贴线针""贴边针""贴布针""雕花针"等（表4-1中的"贴缝绣"）。

4.3.2 具有独立造型线迹的针法

具有独立造型线迹的针法所绣制的图案由具有独立造型的线迹单元连续排列构成，每个线迹单元的针法都是相同的，只是行针路径的差异而构成不同的刺绣图案。这类针法主要用于构造"点状"或"线形"刺绣图案，其行针路径决定于图案的形状（图3-13）。在羌族手工刺绣中，套锁绣、打结绣和缠绕绣都属于具有独立造型线迹的针法，各种针法的刺绣工艺分述如下。

（1）套锁绣

通过绣线的绕圈套绣使后针扣锁前针线圈，前针套接后针，形成锁链形线迹（表4-1中的"套锁绣"）。根据其外形或功能的不同，此类针法可细分为"锁链针""锁边针""拱形锁边针"等（图4-12）。

"锁链针"的每一针出、入针针迹都在上一针的线圈内，形如锁链，是在羌族刺绣中应用比较广泛的一种针法，常用来勾画线形图案（表4-1中的"锁链针"）。

"锁边针"的每一针只有出针针迹在上一针的线圈内，相当于半开放式的锁链针，常用于锁缝布料的毛边，线迹的长短可根据需要进行变化形成一定的装饰纹样。"锁边针"常应用在羌族妇女的头饰、围腰口袋的边缘等部位，其纹样多为犬齿形纹样（表4-1中的"锁边针"）。

"拱形锁边针"是以多股绣线为骨架，通过"锁边针"绣制出两组方向相对、线迹相互齿扣的组合型刺绣线迹的一种针法。该针法绣制的线迹只在两端固缝于织物上，中间拱起悬空，具有较高的牢度，一般应用在服饰品的叉口处，用于封固叉口，其刺绣工艺如图4-12所示。

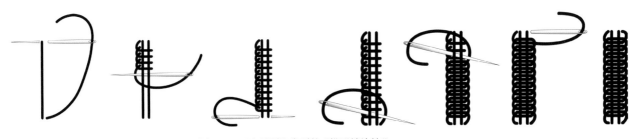

图 4-12 "套锁绣"类型的"拱形锁边针"

（2）打结绣

绣线通过自身的缠绕套结形成点状或线状的线结，并固定缝缀于织物表面。根据其外形的特点，此类针法可细分为"豆形针"和"卷线针"（表4-1中的"打结绣"）。这两种针法常用来表现花蕊，常称之为"打籽针"。

（3）缠绕绣

线迹由两根绣线构成，其中一根绣线通过"顺回针"在刺绣织物上形成轨迹底线，另一根绣线在刺绣织物的正面水平穿过底线的每一个线迹，并缠绕每一对相邻的针迹行针，两根绣线分别在纵垂面和水平面各自形成一组线圈状线迹并且相互缠绕（表4-1中的"缠绕绣"）。

4.3.3 挑花绣（十字针）

与其他针法相比较，挑花绣在行针和构图方法上都有其特殊性，需要单列加以深入研究。"十字针"是通过上下绣针法分组往返行针形成"X"形的组合线迹。在形式上，"十字针"的每一个"X"形组合线迹称为"十字单元"。"十字单元"按一定的方式排列组合构成相应的刺绣图案。与"对位针"相似，"十字单元"中的"X"形线迹一般情况下并非一次性完成，而是由先后两组往返行进的行针线迹组合而成，每组行针只完成"十字单元"中的一条斜向线迹（图4-13）。通常"十字针"的每一针都由正面的斜向行针和反面的横向或纵向行针构成，并且正面的行针线迹一般不重复。如果将正反面行针的方向归纳起来，"十字针"只有正东、东北、正北、西北、正西、西南、正南、东南等特定的八个方向（图4-14）。

第一组线迹　　　　第二组线迹　　　　完成图案

图 4-13 十字针

方向 3：正北
方向 4：西北　　　　方向 2：东北
方向 5：正西　　　　方向 1：正东
方向 6：西南　　　　方向 8：东南
方向 7：正南

图 4-14 "十字针"的行针方向

虽然"十字针"的行针方向仅有特定的八个方向，但"十字单元"可以通过各种形式的排列组合构成千变万化的图案。"十字单元"各种形式的排列组合由相应的行针路径和程序加以完成。例如：围绕菱形的四条边分布的"十字单元"构成的孔眼图案，其行针路径及刺绣程序如图4-15所示（其中黑色方向线表示正面的行针方向，红色方向线表示反面行针方向）。从该示意图中不难发现，"十字针"的行针一般从最边缘的一个"十字单元"起针；然后沿着两两相邻的"十字单元"构成的行针路径行进，绣制所经过的"十字单元"中的一条斜向线迹；当行针到达某一个"十字单元"时即沿途返回，绣制所经过的"十字单元"的另一条线迹；最终回到起针的"十字单元"收针，完成刺绣作业。

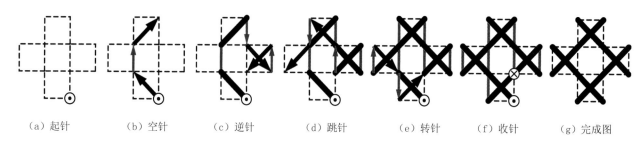

（a）起针　　（b）空针　　（c）逆针　　（d）跳针　　（e）转针　　（f）收针　　（g）完成图

图 4-15 孔眼图案的十字针行针路径

由图 4-13~ 图 4-15 可知，"十字针"刺绣图案决定于"十字单元"的排列组合形式，而"十字单元"的排列组合形式和起针的位置决定了"十字针"的行针路径，行针路径最终取决于各"十字单元"中正反面线迹的行针方向及相互间的组合关系。因此"十字针"刺绣的工艺关键在于归纳出"十字单元"的组合方式及所对应的每个"十字单元"中行针方向的组合方案。本书经过详细研究发现，任何形式的"十字针"绣花图案其"十字单元"的组合形式可归纳为六种类型，与之对应的就有"顺针""转针""跳针""逆针""空针""虚针"等六种行针方式（图 4-16）。

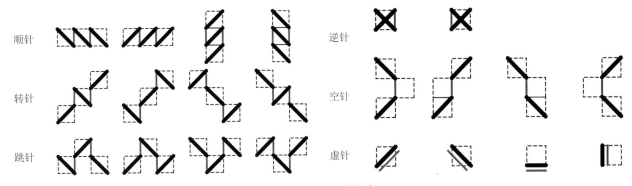

图 4-16 "十字针"的行针方式

"十字针"的上述六种行针路径除"逆针"和"虚针"（图 4-17）可独立形成完整的挑花单元外，其余的针法都需要在行针路径上往返一次才能在所途经的每一个"十字单元"中形成一组相互垂直交叉的线迹，从而构成完整的"十字针"刺绣图案。例如：往返两组顺针可绣制水平或竖直方向上的直线（图 4-17 中的"顺针"）；往返两组转针可绣制左斜直线或右斜直线（图 4-17 中的"转针"）；往返两组跳针可绣制网格图案；空针可处理图案中死角点或转折点处的"十字单元"的线迹过渡（图 4-15）；逆针可用于补绣空针遗留下来的"十字单元"（图 4-15）。

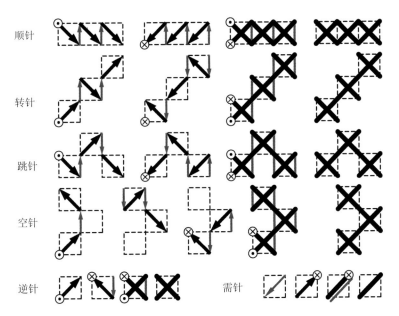

图 4-17 "十字针"行针针法的应用

上述各种"十字针"行针针法的综合应用即可绣制出各种形式的"十字针"刺绣图案。图3-18和图3-19分别显示了不同图案的"十字针"行针针法，从中可以了解到各种行针针法的具体应用，总结起来可以用以下口诀加以概括：

水平竖直"顺针"进，
斜向直线"转针"行，
波浪起伏"跳针"跃，
上下间隔"空针"连，
遇到死角"逆针"返，
须边利爪"虚针"显。

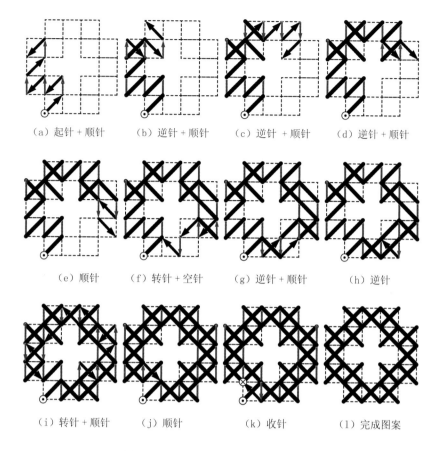

（a）起针 + 顺针　（b）逆针 + 顺针　（c）逆针 + 顺针　（d）逆针 + 顺针

（e）顺针　（f）转针 + 空针　（g）逆针 + 顺针　（h）逆针

（i）转针 + 顺针　（j）顺针　（k）收针　（l）完成图案

图 4-18 "十字"孔眼的"十字针"针法

不同的刺绣图案与一定的"十字针"行针路径相对应，如果将"十字针"的八个行针方向依次用1，2，3，4，5，6，7和8这8个阿拉伯数字来表示（图4-14），而"十字针"的起针和收针分别用"0"和"9"来表示，那么"十字针"图案行针针法就可以用一组特定的数字代码来记录。例如一条由3个沿水平方向连续排列的"十字单元"所构成的水平线（图4-16"顺针"），其"十字针"的行针编码为"08 38 38 36 36 36 9"；由三个沿纵向连续排列的"十字单元"所构成的竖直线，其"十字针"的行针编码为"02 36 32 74 78 74 9"（图4-16"顺针"）。

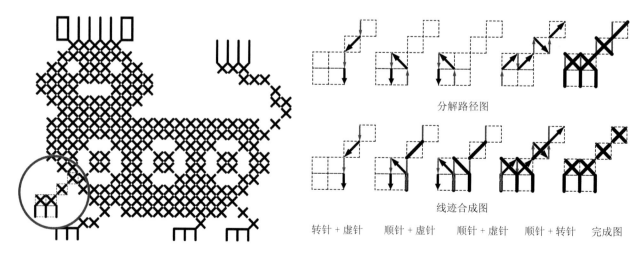

分解路径图

线迹合成图

转针 + 虚针　顺针 + 虚针　顺针 + 虚针　顺针 + 转针　完成图

图 4-19 虚针在"十字针"中的应用

按上述方法形成的"十字针"行针编码总是以"0"开始，表示"起针"。并且从首位数字开始，每一对数字均对应一针，表示一对反面和正面的行针方向。"十字针"的行针编码总是以单个的数字"9"结束，表示"收针"。因此，任何一种"十字针"刺绣图案都可以与一组特定的编码相对应，这样的编码即可作为"十字针"的"针谱"对相应图案的"十字针"刺绣针法进行数字化整理和记录，从而可以形成科学的规范并加以实际的应用。

4.4 数码刺绣工艺图

对羌族传统服饰的数字化抢救与保护不仅是对传统服饰式样和工艺的归纳和数字化整理，还应当考虑到传统服饰工艺如何借助于现代化的技术和生产方式加以传承和发扬。针对传统的手工刺绣工艺，目前国内外已有一些电脑刺绣机能够取代手工作业，进行数字化、自动化的刺绣生产。电脑刺绣机就是利用当代先进的数字化、自动化的刺绣机械，高速度、高精度、高效率地进行刺绣生产。其一般的作业方式是通过绣花设备所配置的绣花软件，进行刺绣纹样的设计，得到相应的数字文件；刺绣纹样的数字文件由相关的媒介或通道传输给电脑刺绣机，并控制电脑刺绣机进行相应的刺绣作业。利用电脑刺绣机进行刺绣生产，其刺绣纹样的数字文件是技术关键，它是用户利用绣花软件的相关工具和功能加以设计完成的。一旦刺绣纹样的数字文件设计完成，即可传输到电脑刺绣机，自动控制电脑刺绣机的运行，完成刺绣生产。

目前国内外著名的电脑刺绣机品牌有日本田岛 (TAJIMA) 公司的 TMEF–H620 型、日本百灵达 (BARUDAN) 公司的 BEMRH–YS –20 型 、日本兄弟 (BROTHER) 公司的 BAS–423 型、德国蔡斯克 (ZSK) 公司的 174–12 型、德国百福 (PFAFF) 公司的 KSM221 和 12/260 型电脑刺绣机等。无论何种品牌的电脑刺绣机，其基本的工作原理都是将需要绣制的刺绣图案在绣花软件中进行数字化设计或转换，形成能够为电脑刺绣机识别的数字工艺文件。将此类文件输入电脑刺绣机，并控制其运行，即能够完成相应的刺绣作业。电脑刺绣的数字工艺文件通常是依照刺绣图案进行设计，刺绣图案可以是图片通过扫描仪处理转换成的数码图像文件，也可以是其他图像或图形软件所绘制的数码图像或图形，还可以是电脑刺绣软件中绘制的图形。这些数码图像文件都可以分为"位图"和"矢量图"两种类型，其中"矢量图"因图形边界清晰、分辨率不受图形放大或缩小的影响，而成为最适合于电脑刺绣数字工艺图设计的图形蓝本。因此，将羌族传统的刺绣图案绘制成"矢量图"即可应用于各类电脑刺绣软件中，设计开发出适应于电脑刺绣的数字工艺文件，从而将传统的羌族刺绣通过现代化的数字技术进行更好、更广泛地保护、传承和现代化应用。

电脑刺绣软件的刺绣工艺数字文件的设计和制作，实际上就是依照所要绣制的刺绣图案，将软件自备的各种刺绣针法应用到相应的图形区域内（即对相应的图形区域设置相应的针法），这样所获得的文件即可控制电脑刺绣机进行相应的刺绣作业。由此可见，电脑刺绣工艺数字文件的制作首先需要设计绘制刺绣图形，然后为这些图形设置相应的刺绣针法。这样的工作原理和操作程序与在 Adobe Illustrator 绘图软件中创建图形对象，再为图形填充颜色或图案的工作原理是相同的，操作步骤也极为相似。不仅如此，Adobe Illustrator 所创建的图形属于"矢量图"。因此，利用 Adobe Illustrator 绘图软件绘制羌族传统刺绣图案，创建刺绣纹样数字资料库，即可为实现羌族传统刺绣图案的电脑刺绣提供相应的资源和技术条件（图 4–20）。

(a) 刺绣图案   (b) 刺绣图案的"矢量图"

图 4-20 刺绣图案及其"矢量图"

电脑刺绣线迹的成缝原理与手工刺绣的成缝原理是完全不同的。前者是"面线"和"底线"两根缝线通过缝针穿刺织物，而在织物层中间套结成缝迹。手工刺绣则是由一根绣线上下完全穿过织物形成刺绣线迹。因此，电脑刺绣只是在外观上形似手工刺绣，其缝线的内在结构与手工刺绣的线迹结构完全不同。电脑刺绣的工艺过程是将图案纹样按照形状和颜色分成不同的区域，再对各个图形区域施以不同的线迹进行刺绣。不管什么品牌的电脑刺绣机，其配套的绣花软件一般都包括三种基本的线迹种类，即"单条线迹 (Single Run Line)""缎纹线迹 (Satin)"和"编织填充线迹 (Weave Fill)"。其他的线迹都是由这三种基本线迹派生出来的。至于刺绣线迹的选择，需要根据刺绣图案的形状、尺寸和最终要得到的效果来决定。"单条线迹"由单条线迹或三条线迹组成线形刺绣线条，适合于勾勒图案的外形和绣制细线条对象。"缎纹线迹"可以生成线迹平滑、有光泽的高质量刺绣效果，它适合于狭窄形状或柱状图形。"编织填充线迹"是由多条单条线迹组成的，适合于填充大的、不规则的图形对象，电脑刺绣软件一般会配置有多种编织填充底纹图案供用户选择使用。除上述线迹类型以外，有的电脑刺绣软件还配有特殊的"十字针"刺绣系统，如日本真善美 (janome) 电脑刺绣机及其设计软件。这种系统可以设计和绣制"十字针"填充的图案。电脑十字绣的工艺设计是在"十字绣"软件中输入相关的图像文件，再利用"十字线迹"填充图像中相应的色块或图形，生成相应的数字化刺绣工艺文件，该文件即可控制电脑刺绣机绣制出"十字针"刺绣图案（图 4-21）。

图 4-21 "十字绣"图案及其线迹特征

从外观而言，电脑刺绣中的"单条线迹"可以模仿手工刺绣中不具有独立造型的线迹，如"倒回针"和"顺回针"等线迹；"缎纹线迹"可以模仿"平铺针"线迹；"十字线迹"可以模仿"十字针"线迹。虽然这些对应的线迹具有相似的外观，但其中的内在结构却是迥然不同的。电脑刺绣的线迹一般不具备独立造型的功能，所以不能完全取代手工刺绣工艺，手工刺绣依然具有其独特的文化意义和技术价值。

4.5 服饰穿着流程

羌族传统服饰中的头饰、腰带、绑腿等都属于"缠绕型"服饰种类，这类服饰品通常只是一块既无裁剪，也无缝纫的织物，其着装造型决定于它们在人体相应的部位进行覆盖、缠绕或悬挂等的穿戴方式。在羌族传统服饰中，头饰是极为重要的，也是变化极为丰富的"缠绕型"服饰品种，羌族各群落分支几乎都有各具特色的头饰，因此，头饰（特别是羌族妇女头饰）的材料、颜色、刺绣、穿戴方式等方面的区别，已成为区分不同区域羌族群落分支的显著标志。

"缠绕型"服饰虽然没有复杂的裁剪或缝纫工艺，但都具有较为复杂的穿戴方式，造型也较为独特。"缠绕型"服饰没有固定的结构，其造型完全取决于每次穿戴时的流程和方式。羌族妇女头饰就是最具代表性的"缠绕型"服饰配件，其功能主要用于保暖、遮阳和装饰。从构造的角度来看，羌族妇女的头饰多采用搭盖、缠绕或两者结合的手段穿着于头部，由于没有固定的结构，很难在穿戴完成后从最终的静态造型了解其构造方法。因此诸如头饰这样的"缠绕型"服饰，只能从穿戴开始到最终穿戴完毕的整个流程进行动态的观察和记录，才能了解其穿着方法和程序。以下即以"黑虎"羌寨妇女头饰的穿戴流程为例来说明羌族传统头饰（"缠绕型"服饰）的穿着过程。

黑虎羌寨妇女常穿戴一种俗称"万年孝"的白色头饰，这种头饰一般由两片长宽约230厘米×30厘米的白色布料组成。其中一片用于围裹头部作内层头巾，另一片通过一定的方式折叠后在外层围裹头部进行造型，并通过内层头巾缠绕固定于头部，其平面的折叠方法、缝纫固定的位置和相关尺寸如图4-22所示。

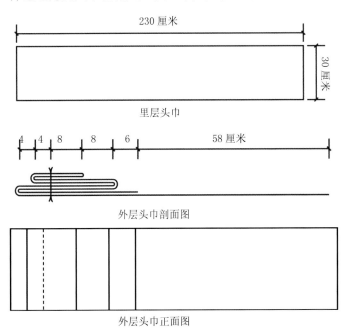

图 4-22 "黑虎"羌寨妇女头饰平面结构

经过预先折叠和缝纫固定成型的头巾再按以下步骤穿戴成形：

（1）将头发卷起束于头顶，然后将里层头巾的中部盖于头部前额，头巾两端在脑后交叉绕过肩部搭于胸前，将外层头巾盖于头部前额（图4-23）。

图 4-23 步骤一

（2）将里层头巾右侧一端布条从右至左绕前额缠绕并紧固外层头巾（图4-24）。

图 4-24 步骤二

（3）当里层头巾右端布条绕过前额至头部左侧时与里层头巾左端布条交叉打结，并自然悬挂于脑后（图4-25）。

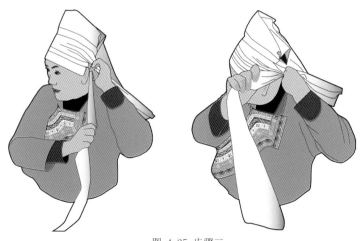

图 4-25 步骤三

（4）将里层头巾左端布条绕过前额缠绕并紧固外层头巾至头部右侧（图4-26）。

图 4-26 步骤四

（5）当里层头巾左端布条绕过前额至头部右侧时与里层头巾右端布条交叉打结，并自然悬挂于脑后（图 4-27）。

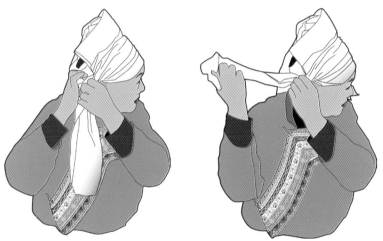

图 4-27 步骤五

（6）将外层头巾的尾部从后右侧绕至前额插入先前缠绕的头巾内侧（图4-28）。

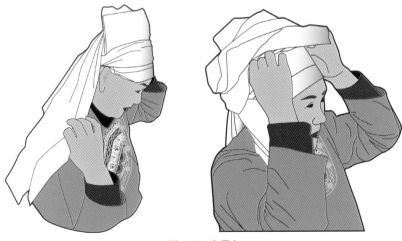

图 4-28 步骤六

（7）对头巾进行适当的整理，完成头巾的穿戴（图4-29）。

图 4-29 步骤七

由上例可知，对于羌族传统服饰中的"缠绕型"服饰品的数字化整理和保护可借助于 Adobe Illustrator 绘图软件绘制记录这类服饰的初始结构，进而在分析这类服饰在穿戴过程中各关键环节的基础上，绘制出各环节的穿着方法和中间状态，通过示意图和文字说明详实地记录和描述其静态的结构、动态的穿戴过程及最终的穿着效果。如此才能对羌族"缠绕型"服饰的结构、工艺、穿戴方式及其造型加以完整的、过程化的呈现。

[1] 张皋鹏. 具有多样化穿着功能的服装结构设计 [J]. 纺织学报，2011，32(5)：107-117.

[2] 王宗荣，张皋鹏. 新版文化女装衣身原型参数化制图数学模型 [J]. 纺织学报，2009,30(3)：82-87.

5 羌族服装款式图集

羌族传统服饰可以分为"服装"和"服饰配件"两大类，各类又可细分为若干品种（图5-1）。其中"服装"主要指经过精确裁剪和缝纫工艺处理的具有相对稳定的结构和造型的主体着装物件，具体包括长衫、背心和长裤等。"服饰配件"指着装中作为装饰和辅助作用的物件。服饰配件可由纺织或非纺织材料制作，纺织类的服饰配件如头巾、腰带、围腰、袖套、绑腿和绣花鞋等，在结构上一般为块面形结构，只有简单的缝纫而没有复杂的裁剪，穿戴时一般通过披挂、缠绕和打结等方式进行穿着，因此没有稳定的结构和外观造型。对于精确裁剪的服装，一般通过着装图来表现整体的穿着效果和风格，通过平面图来表现服装的结构和工艺细节。而对于只有简单裁剪或无裁剪的服饰配件，则一般通过平面图来表现其结构和装饰纹样，通过穿戴流程图来表现穿戴比较复杂的服饰配件(例如缠绕型头饰)的穿戴方法。

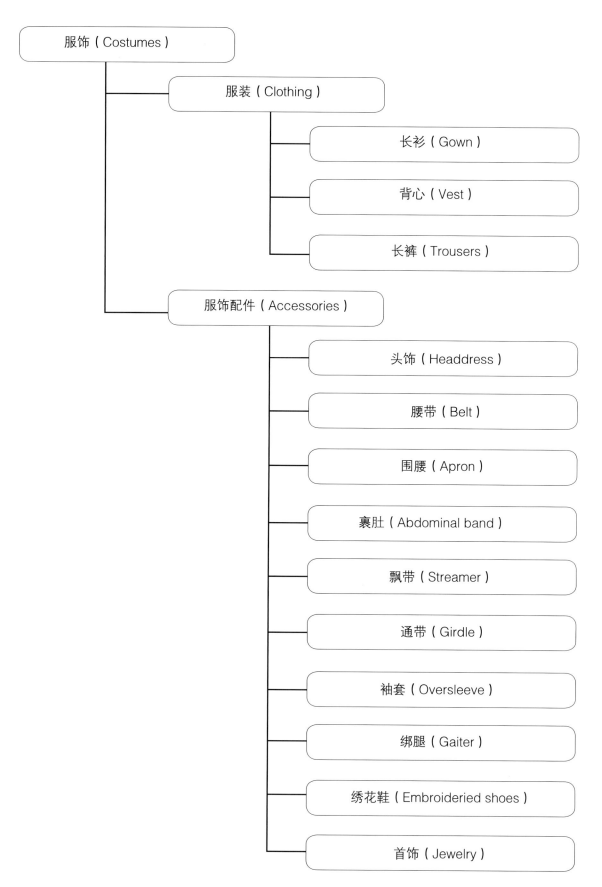

图 5-1 羌族服饰种类

5.1 羌族各地服饰着装图集

　　羌族服饰的着装风格和款式因地域的不同而有较大的差异，按照羌族服饰的地域性差异及其特点划分的不同服饰文化地带可参见表5-1。本节所展示的各地羌族服饰着装图，即按表5-1中所示的各服饰文化区域英文名称的缩写加上男性和女性的英文缩写(M或W)加以命名归类建档(图5-2~ 图5-10)。例如：中心区渭门乡的男装，其文件命名为：C_WM_M；女装命名为：C_WM_W。

图 5-2 C_WM_M，C_WM_W

图 5-3 C_SL_M，C_SL_W

图 5-4 C_HH_M，C_HH_W

图 5-5 E_BC_M，E_BC_W

图 5-6 N_NW_M，N_NW_W

图 5-7 N_DX_M，N_DX_W

图 5-8 NW_QG_M，NW_QG_W

图 5-9 SW_LX_M，SW_LX_W　　　　　　　　图 5-10 SW_PX_M，SW_PX_W

表 5-1 羌族服饰文化分区

文化地带		代表性乡镇					
地带名	编码	地名	编码	地名	编码	地名	编码
中心区（Center）	C	渭门	WM	三龙	SL	黑虎	HH
东线（East）	E	北川	BC				
北线（North）	N	牛尾巴寨	NW	叠溪	DX		
西北线（North West）	NW	曲谷	QG				
西南线（South West）	SW	龙溪	LX	蒲溪	PX		

5.2 羌族服装平面图及贴边绣纹样

　　羌族服装平面图主要用于表现服装的外观造型、平面结构、制作材料、制作工艺和装饰细节等属性。现代羌族民间积淀着不同历史时期的传统服装，不同时期流行的服饰在材料的选择和制作工艺方面都有一定的区别。如果按照年代的远近进行历史排序，羊毛皮背心、羊毛皮皮袄、牦牛毛呢背心、麻布长衫应当是最为久远的羌族本土服装。后来从外地输入的土布和现代引入的卡其布制作的服装则属于近现代服装，在羌族服饰中注入了更多的外来服饰文化元素。不同材料不仅决定着服装的颜色和质地，还会影响到服装的结构。例如麻布因幅宽的限制（幅宽一般为 30 厘米），麻布衫的衣身、衣袖和下摆均需要用多片裁片接缝而成，这样才能满足尺寸上的要求。综合上述因素，我们可以按照"服装品种_材料_装饰细节_序号"的形式对羌族服装平面图数据文件进行编码建档，形成羌族服装平面图数据库。为简洁方便，编码中除"序号"用阿拉伯数字表示外，其余各项均使用项目名所对应的英文名称的首位字母作为代码进行编码，空缺的项目以"X"表示（表5-2）。例如在四川理县蒲溪乡流行的用麻布制作的长衫，其平面图数据文件编码为：G_L_X_01。

表 5-2 羌族服装平面图数据文件编码标准

项目		编码
服装品种	长衫 (Gown)	G
	背心 (Vest)	V
	羊毛皮 (Woolfell)	W
材料	麻布 (Linen)	L
	牦牛毛呢 (Yakhair)	Y
	土棉布 (Cotton)	C
	卡其布 (Khaki)	K
装饰细节	刺绣 (Embroidery)	E
	织带 (Ribbon)	R
序号		01, 02, …, 99

5.2.1 长衫

长衫作为羌族服装中的主体，历史上由于受物质条件和生产技术的限制，其使用的材料、布料的颜色和制作工艺都呈现出不同历史时期的特点。不仅如此，受地域文化的影响，不同地区所流行的长衫其材料、款式、颜色和装饰细节等也有差异。虽然区域文化的影响及历史的演变造成了羌族服装中的长衫，具有多种变化，但其外形结构却大体一致，因此，我可以从历史极为悠久且最具本土特色的麻布长衫中了解其大致的特征。

受布幅的限制（手工编织的麻布只有约30厘米的幅宽），麻布长衫必须由若干经过简单裁剪的麻布方块拼接缝制而成，因为只有这样才能满足尺寸上的需要。如图5-11所示，麻布长衫的衣身由前后左右4片方形的布片加上侧边前后左右4片三角形补片拼缝而成，衣袖也是由上下2片布片拼接制成。如果使用现代布料制作长衫，由于布幅很宽，整件服装无需经过多片窄幅布料的拼接，其分割线减少，工艺更为简单，外观也显得更为简洁。尽管如此，现代布料制作的长衫，其外观结构和尺寸基本上与传统的麻布长衫一致。

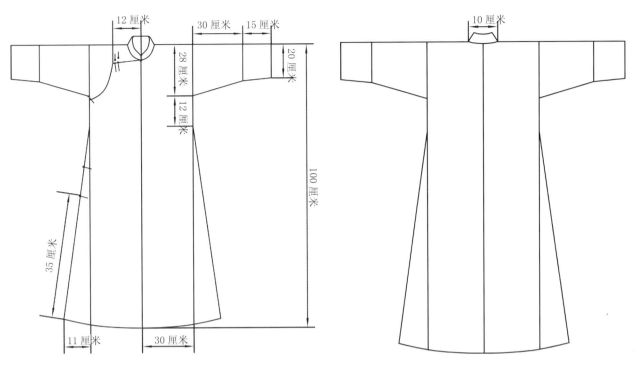

图 5-11 羌族麻布长衫的平面结构及其参考尺寸

根据表 5-2 羌族服装平面图数据文件编码标准，可以对羌族服装中不同材质或装饰细节的长衫进行编码建档，形成羌族服装平面图数据库，以下汇集了一些具有代表性的长衫图例（图 5-12 ~ 图 5-18）。

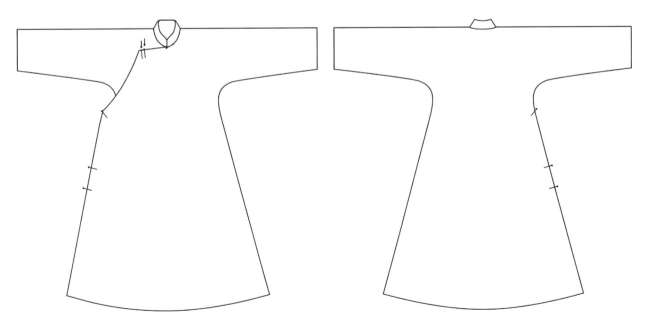

图 5-12 G_L_X_01

图 5-13 G_C_R_01

图 5-14 G_C_E_01

图 5-15 G_C_E_02

图 5-16 G_C_E_03

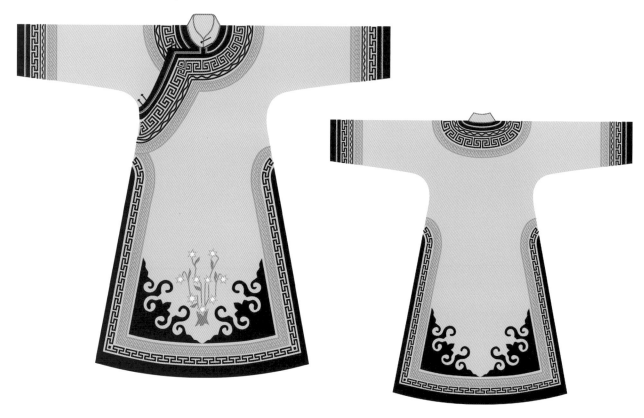

图 5-17 G_C_E_04

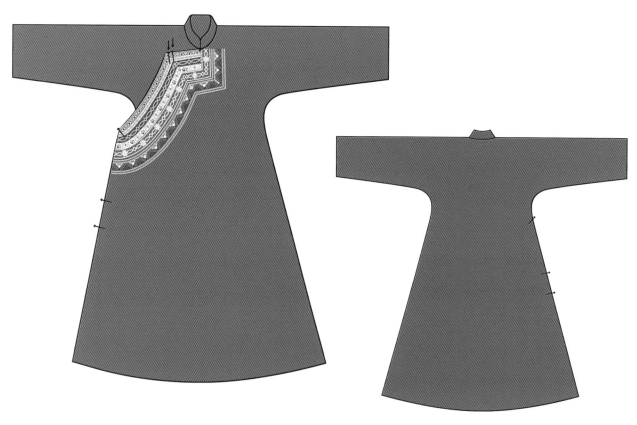

图 5-18 G_K_R_01

5.2.2 背心

　　背心是最为普及的羌族服装品种之一。与长衫相似，不同历史时期和不同地域的羌族服装背心，其在制作材料、颜色、结构和装饰细节方面均有许多变化，可以从牦牛毛呢长背心（图5-19）和布料短背心（图5-20）了解其结构特征和尺寸规格。

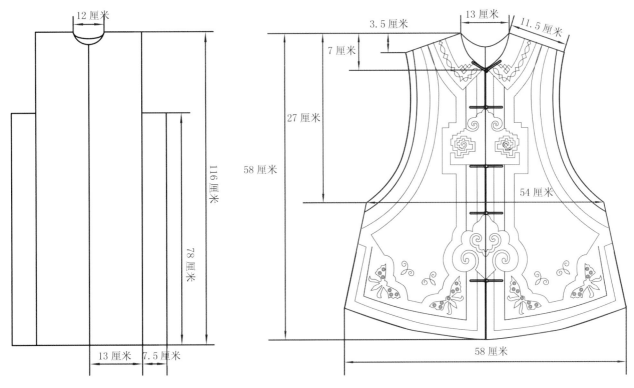

图 5-19 牦牛毛呢长背心结构及参考尺寸　　　　　　　图 5-20 布料短背心的结构及参考尺寸

　　根据表5-2所示羌族服装平面图数据文件编码标准，可对各种类型的背心平面图数字文件进行命名并建立数据库（图5-21~图5-25）。

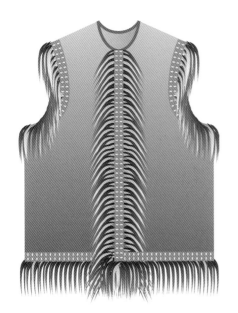 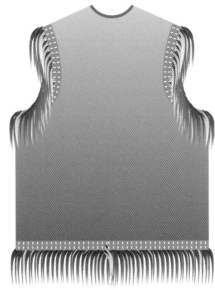

图 5-21 V_W_X_01

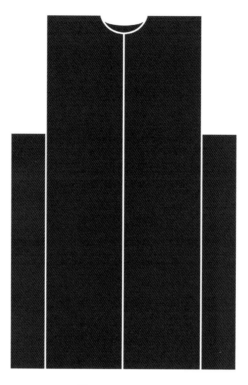

图 5-22 V_Y_X_01

图 5-23 V_C_E_01

图 5-24 V_C_E_02

图 5-25 V_C_R_01

5.2.3 服装贴边绣纹样

虽然服装平面图能够反映出羌族服装的平面结构、材料、制作工艺和装饰纹样等细节，而服装中常见的贴缝织带、贴边刺绣等装饰纹样则需要单独绘制建档。羌族服装中的织带或贴边刺绣装饰均为连续排列的线性纹样，这些纹样的数据文件可以在 Adobe Illustrator 软件中创建相对应的画笔加以创建和应用。表 5-3 列举了羌族服装中常见的贴边刺绣纹样，其中，除完整的贴边刺绣纹样以外，还包括创建贴边刺绣纹样画笔所需要预先绘制的"直线拼贴""外角拼贴""内角拼贴"等单元图案。羌族服装中的贴边绣纹样大致分为"回形纹"和"万字纹"两种类型，因此其纹样可以按照"刺绣针法 _ 纹样类型 _ 序号"的形式进行编码建档，其中刺绣针法为"贴布针"，对应英文为"Patch Stitch"（缩写为"P"），纹样类型以对应的英文名称的首位字母来表示，详见表 5-3 中的"编码"一列。

表 5-3 羌族服装贴边刺绣纹样

纹样类型	编码	边线拼贴	外角拼贴	内角拼贴	完整纹样
回 形 纹 (Fret)	P_F_01				
	P_F_02				
	P_F_03				
	P_F_04				
万字纹 (Swastika)	P_S_01				
	P_S_02				
	P_S_03				

6 羌族服饰配件平面图及刺绣纹样

  羌族服饰配件多为简单的块面结构，其主要特色在于绚丽多彩的刺绣装饰。羌族民间流行最为广泛的刺绣针法是"十字针""锁链针""平铺针"三种，其造型特点在于"十字针"是散点布局，"锁链针"是线条勾形，"平铺针"是色块造型。在装饰风格上，"十字针"均匀规整，疏密有致；"锁链针"线路清晰，透彻明快；"平铺针"造型饱满，色泽鲜艳。除上述三种常见的刺绣针法以外，"贴布针"在绣花鞋中应用也是比较普遍的。对于羌族服饰配件的数据库主要通过刺绣图案文件加以组建，每个文件的编码格式为：服饰配件种类_针法_序号。编码标准参见表6-1。

表 6-1 羌族纺织类服饰配件编码标准

服饰配件种类	种类代码	针法编码					序号
		平铺针 (Satin Stitch)	十字针 (Cross Stitch)	锁链针 (Chain Stitch)	贴布针 (Patching Stitch)	纬编针 (Darning)	
头饰 (Headdress)	HD	S	C	Ch	P	D	01, … 99
围腰 (Apron)	A						
裹肚 (Abdominal Band)	AB						
飘带 (Streamer)	S						
通带 (Girdles)	G						
袖套 (Oversleeve)	OS						
绣花鞋 (Embroideried Shoes)	ES						
鞋垫 (Insole)	I						
香包 (Sachet)	SA						
针线包 (Sewing Kit)	SK						
虎头帽 (Tiger Hat)	TH						

* 织带除外。因织带纹样是编织纹样，不属于刺绣纹样。

6.1 头饰及刺绣纹样

在羌族头饰中男性一般为缠头，无刺绣装饰，女性头饰则分缠绕型、搭盖型和综合型。无论何种类型的头饰均为方块形结构，长 × 宽约为 270 厘米 ×36 厘米，其中女性头饰中的缠绕型与搭盖型多为黑、白两色，装饰方面则分素色或刺绣两种类型，有刺绣装饰的头巾一般以黑色布料为底，彩色的刺绣纹样多分布于头巾的两端约 30 厘米范围内，佩戴时现于外表装饰头部（图 6-1）。

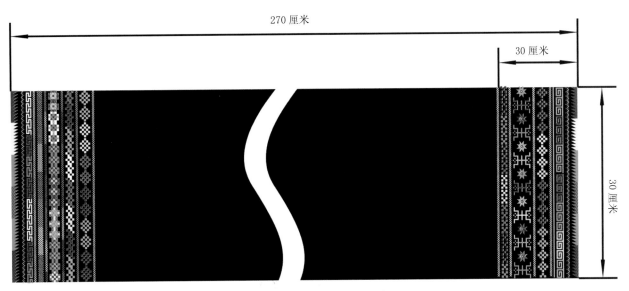

图 6-1 头巾结构及其参考尺寸

羌族头饰结构简单，其特色在于其不同的穿戴方式及其刺绣纹样，因此，羌族头饰的数据库主要以头饰的穿戴流程图文件和头饰中的刺绣纹样文件加以构建。羌族头饰的刺绣针法以平铺针为主，刺绣纹样素材以象征吉祥、健康、长寿的牡丹、菊花、石榴、藤苇、蝴蝶，以及象征幸福寓意的花卉、虫草图案为主，配以回形纹、万字纹、绳纹、犬齿纹等线形纹样，以及方形、三角形等几何图形为辅助装饰（图 6-1）。根据表 6-1 所示的羌族纺织类服饰配件编码标准，可以将羌族头饰纹样文件进行编码，并创建头饰纹样数据库（图 6-2 ~ 图 6-13）。

图 6-2 HD_S_01

（牡丹、八瓣菊、藤苇、蝴蝶、犬齿纹）

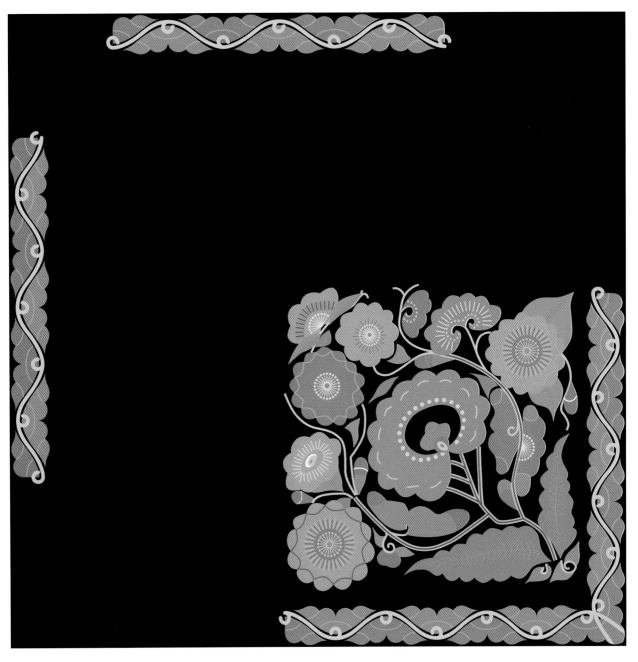

图 6-3 HD_S_02
（牡丹、藤苇）

图 6-4 HD_S_03

（牡丹、八瓣菊、犬齿纹）

图 6-5 HD_S_04
（牡丹、几何图形）

图 6-6 HD_S_05

（牡丹、八瓣菊、犬齿纹）

图 6-7 HD_S_06

（牡丹、八瓣菊、犬齿纹）

图 6-8 HD_S_07

（牡丹、犬齿纹、几何图形）

图 6-9 HD_S_08
（牡丹、绳纹、犬齿纹、方形）

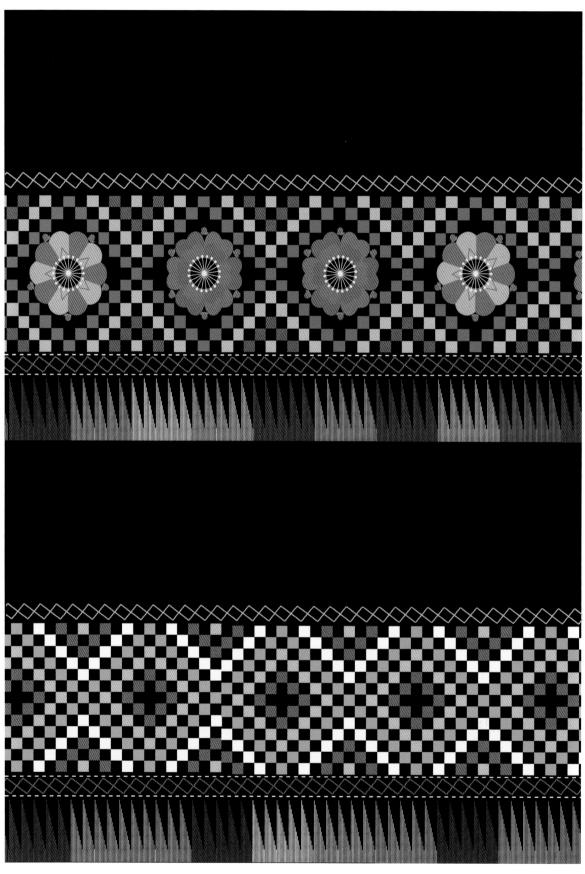

图 6-10 HD_S_09

（牡丹、绳纹、方形、犬齿纹）

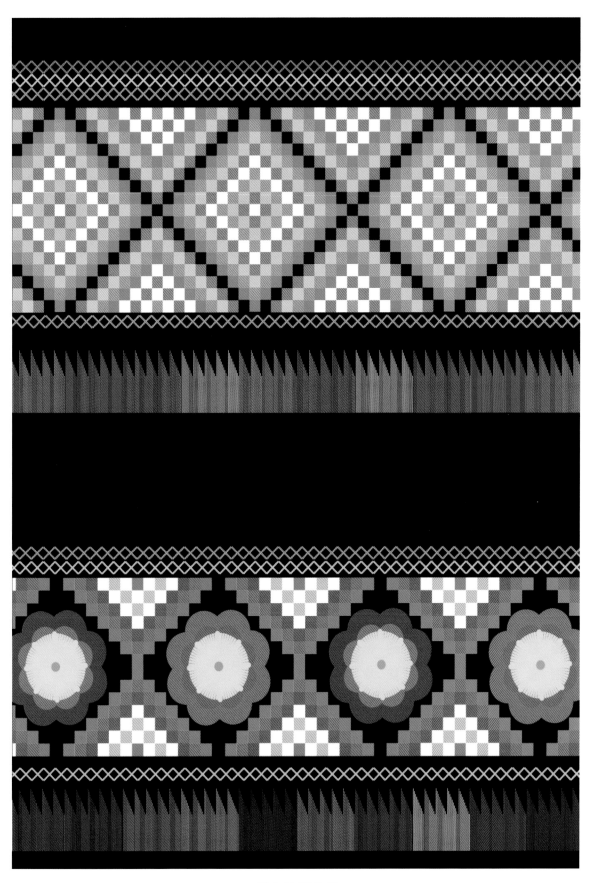

图 6-11 HD_S_10

（牡丹、绳纹、方形、犬齿纹）

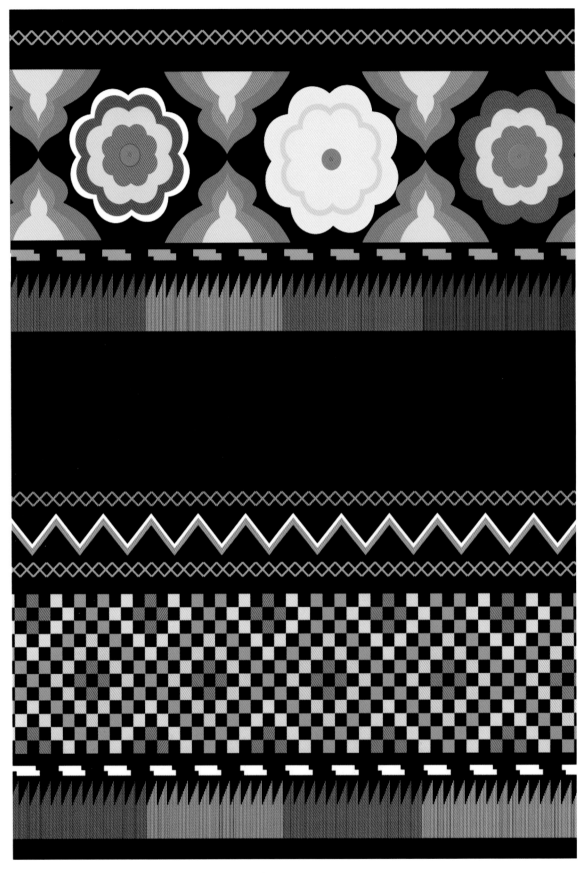

图 6-12 HD_S_11

（牡丹、绳纹、方形、犬齿纹）

图 6-13 HD_S_12

（犬齿纹、方形、回形纹、绳纹、寿字纹）

6.2 围腰及刺绣纹样

在羌族女装服饰中围腰因其具有大块面的方正幅面，而成为羌族妇女施展刺绣技艺的主要载体。羌族围腰刺绣纹样的题材一般取自于生活中象征"荣华富贵""吉祥如意"的花草虫兽等具象图案，以及象征"福、禄、寿"等寓意的"回形纹""万字纹"等抽象图案。围腰上的刺绣纹样根据布局的不同一般分为满花、团花、角花、簇花、边花和填花等。满花即刺绣纹样布满绣件的整个幅面；团花即刺绣纹样呈团状或放射状，外形多为圆形、菱形、正四边形、正八边形，一般作为刺绣图案的主体分布于绣件的中央，其构图严谨规整，方中见圆，圆中套方，变化极为丰富；角花即刺绣图案呈直角三角形，多分布于绣件的边角，与团花相互呼应起衬托作用；簇花即刺绣纹样成簇状，外形千变万化，随刺绣纹样的整体格局而定，簇花一般分布于主体团花图案的周边或空隙处，以衬托和呼应团花图案；边花即刺绣纹样成线状，多为线性的规则或不规则纹样，多分布于绣件的边缘，以整饰绣件边线；填花即刺绣纹样规整排列填充于一定形状的图形内，以装饰绣件。

羌族妇女普遍所穿戴的围腰一般包括"半身"和"全身"两种类型。半身型围腰围裹腰线以下，其上半部位多贴缝左右对称并排的方形口袋，其余部位也常绣制精美的纹样作装饰；全身型围腰的覆盖面积从胸襟至腿部，胸襟部位一般为刺绣的主要装饰部位，腰线以下也常贴缝单个或两个并排的口袋。全身型和半身型围腰的平面结构及其参考尺寸如图 6–14 和图 6–15 所示。

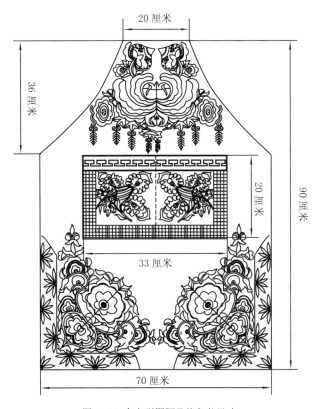

图 6-14 全身型围腰及其参考尺寸

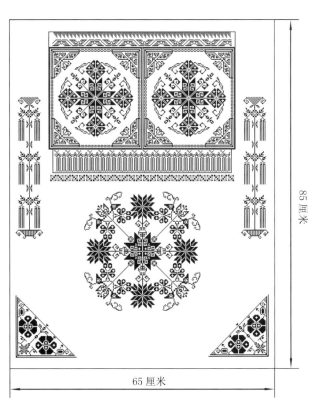

图 6-15 半身型围腰及其参考尺寸

6.2.1 围腰整幅刺绣纹样

由于围腰刺绣的面积较大，纹样变化丰富，围腰的刺绣纹样的图形数据文件可根据表6-1的标准进行命名并创建数据库。围腰刺绣纹样数据库可按全身型、半身型、平铺针、十字针、锁链针的顺序加以创建，如图6-16～图6-40所示。

图 6-16 A_S_01

图 6-17 A_S_02

图 6-18 A_S_03

图 6-19 A_C_01

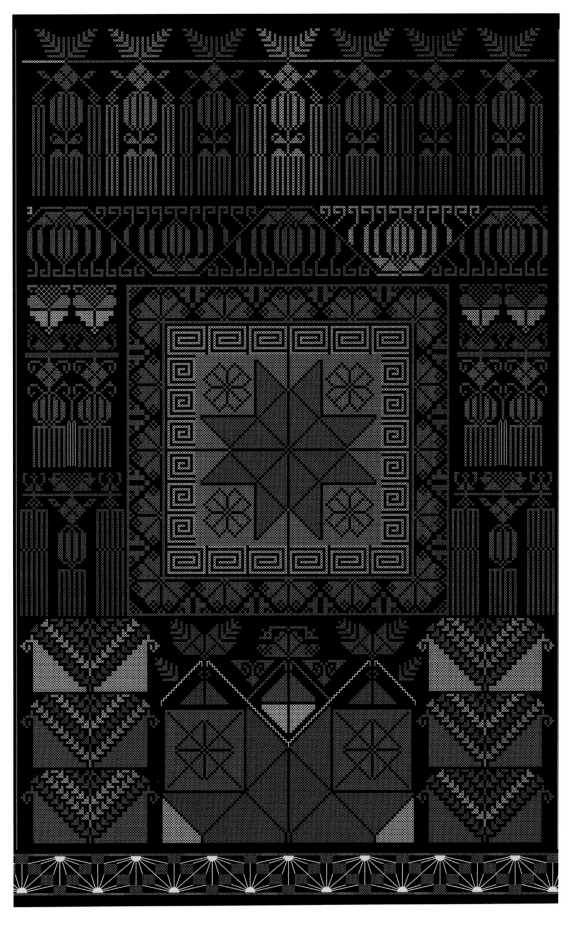

图 6-20 A_C_02

图 6-21 A_C_03

图 6-22 A_C_04

图 6-23 A_C_05

图 6-24 A_C_06

图 6-25 A_C_07

图 6-27 A_C_09

图 6-26 A_C_08

图 6-28 A_C_10

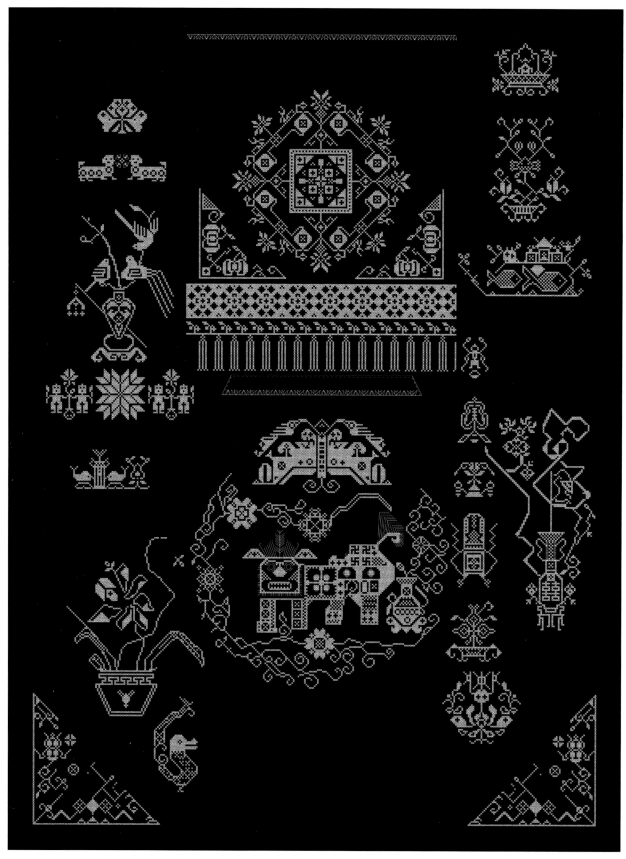

图 6-29 A_C_11

图 6-30 A_C_12

图 6-31 A_C_13

图 6-32 A_C_14

图 6-33 A_C_15

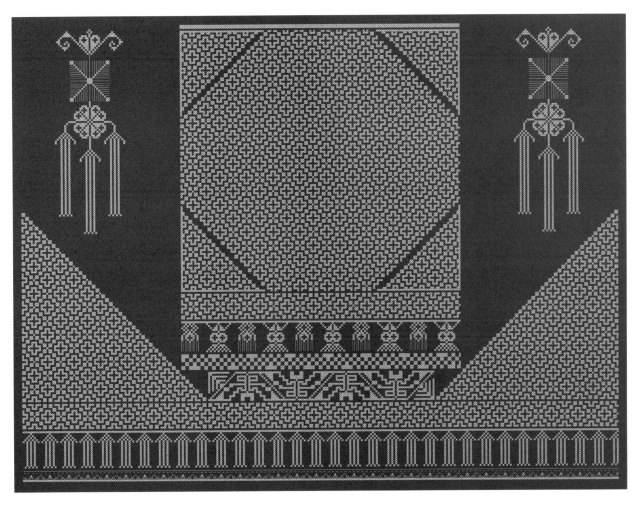

图 6-34 A_C_16

图 6-35 A_C_17

图 6-36 A_C_18

图 6-37 A_Ch_01

图 6-38 A_Ch_02

图 6-39 A_Ch_03

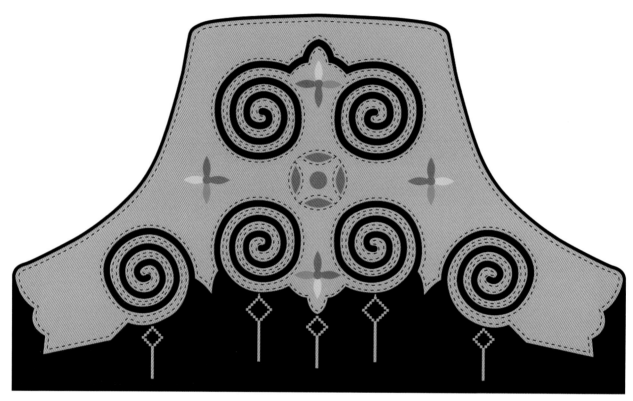

图 6-40 A_P_01

6.2.2 围腰贴袋刺绣纹样

　　羌族服饰围腰上的贴袋是羌族绣花中非常重要的刺绣部件，刺绣纹样极为丰富，因此需要单独分类建立数据库。对于围腰贴袋刺绣纹样的编码，可参照表 6-1 的标准，在表示"围腰"代码"A"后加英文字母"P"（"口袋"的英文名称"Pocket"的缩写）来表示围腰上的贴袋，以与围腰的刺绣纹样数据相区别。按此标准可建立围腰贴袋刺绣纹样数据库，如图 6-41 ~ 图 6-89 所示。

图 6-41 AP_S_01

图 6-42 AP_S_02

图 6-43 AP_S_03

图 6-44 AP_S_04

图 6-45 AP_S_05

图 6-46 AP_S_06

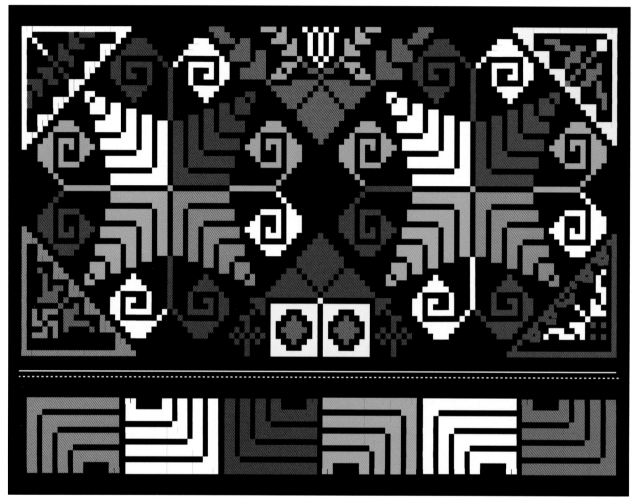

图 6-47 AP_C_01

图 6-48 AP_C_02

图 6-49 AP_C_03

图 6-50 AP_C_04

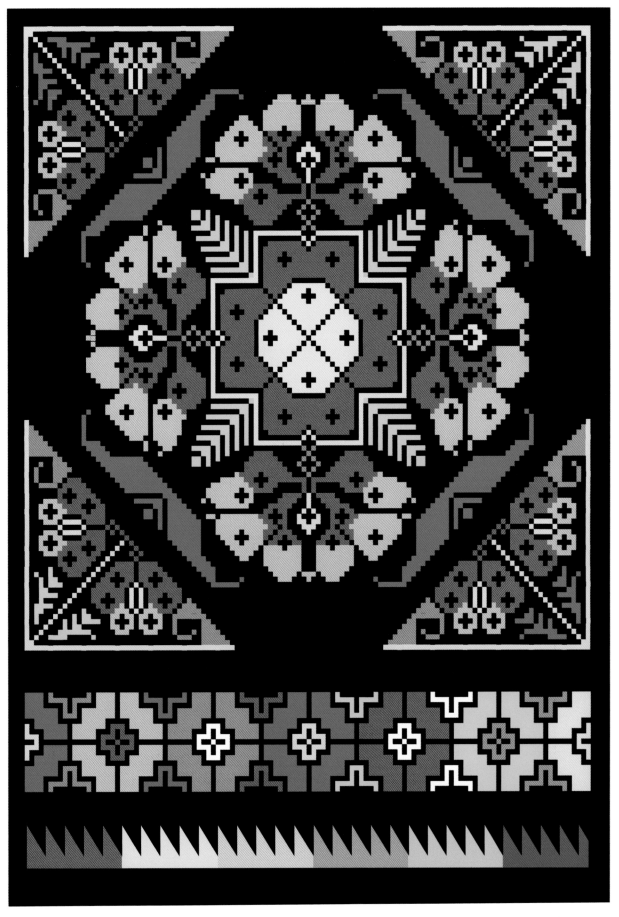

图 6-51 AP_C_05

图 6-52 AP_C_06

图 6-53 AP_C_07

图 6-54 AP_C_08

图 6-55 AP_C_09

图 6-56 AP_C_10

图 6-57 AP_C_11

图 6-58 AP_C_12

图 6-59 AP_C_13

图 6-60 AP_C_14

图 6-61 AP_C_15

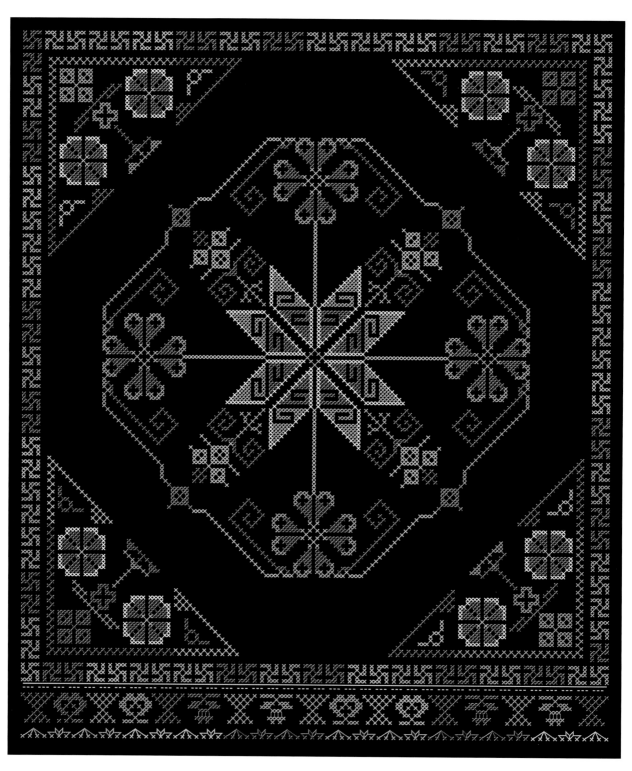

图 6-62 AP_C_16

图 6-63 AP_C_17

图 6-64 AP_C_18

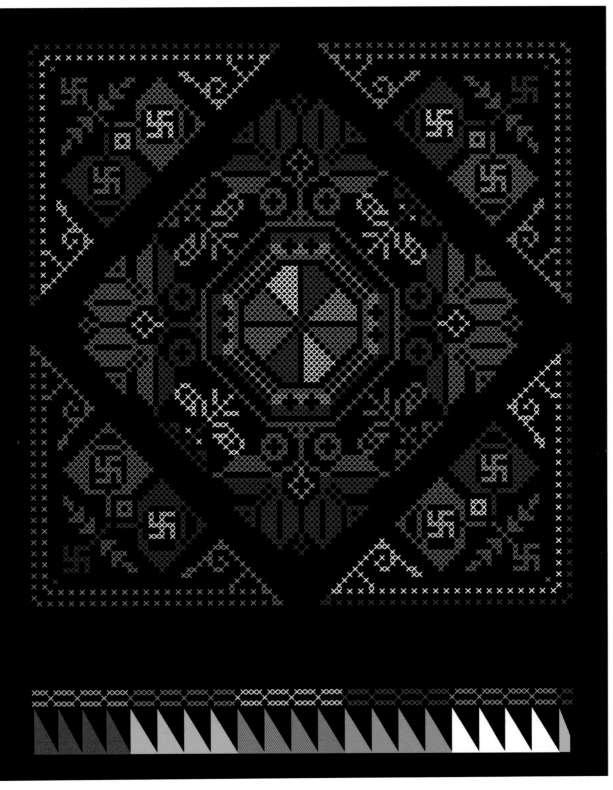

图 6-65 AP_C_19

图 6-66 AP_C_20

图 6-67 AP_C_21

图 6-68 AP_C_22

图 6-69 AP_C_23

图 6-70 AP_C_24

图 6-71 AP_C_25

图 6-72 AP_C_26

图 6-73 AP_C_27

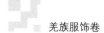

图 6-74 AP_C_28

图 6-75 AP_C_29

图 6-76 AP_C_30

图 6-77 AP_C_31

图 6-78 AP_C_32

图 6-79 AP_C_33

图 6-80 AP_C_34

图 6-81 AP_C_35

图 6-82 AP_C_36

图 6-83 AP_C_37

图 6-84 AP_C_38

图 6-85 AP_C_39

图 6-86 AP_C_40

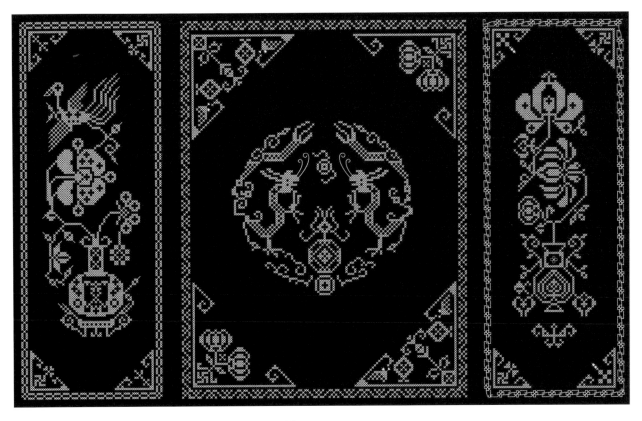

图 6-87 AP_C_41

图 6-88 AP_C_42

图 6-89 AP_Ch_01

6.3 裏肚及刺绣纹样

裏肚的里层袋面和外层的袋盖均有刺绣纹样，边线用虚线或对位针固缝和饰边，常用的针法有平铺针和锁链针。根据表 6-1 的编码标准，创建裏肚刺绣纹样图数据库，如图 6-90 ~ 图 6-92 所示。

图 6-90 AB_S_01

图 6-91 AB_S_02

图 6-92 AB_Ch_01

6.4 飘带及刺绣纹样

飘带是系于腰间、飘挂于身前或身后的成对的装饰物件，有时与围腰的系带直接相连。羌族服饰配件中的飘带，因男女性别不同，在形式和系挂方式上均有一定的区别。一般男性系的飘带为平头，宽度较细且吊于身前；女性所系的飘带多为尖头，较宽且吊于身后。飘带多以白色或浅色为底色，绣以凤凰、喜鹊、蝴蝶、牡丹花、菊花等喜庆纹样，刺绣的针法以平铺针、十字针和纬编针为主。飘带刺绣纹样数据文件可以按表6-1的标准创建，并形成数据库，如图 6-93 ～图 6-115 所示。

图 6-93 S_S_01

图 6-94 S_S_02

图 6-95 S_S_03

图 6-96 S_S_04

图 6-97 S_S_05

图 6-98 S_S_06

图 6-99 S_C_01

图 6-100 S_C_02

图 6-101 S_C_03

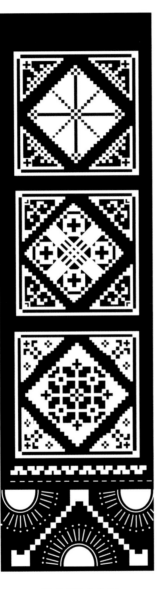

图 6-102 S_C_04

图 6-103 S_C_05

图 6-104 S_D_01

图 6-105 S_D_02

图 6-106 S_D_03

图 6-107 S_D_04

图 6-108 S_D_05

图 6-109 S_D_06

图 6-110 S_D_07

图 6-111 S_D_08

图 6-112 S_D_09

图 6-113 S_D_10   图 6-114 S_D_11   图 6-115 S_D_12

6.5 通带及刺绣纹样

通带的两端头通常配有精美的刺绣纹样装饰，绣片一般为菱形，其中的两对角向后折叠与通带的长带拼缝。通带刺绣纹样多为用平铺针绣制的牡丹等花卉图案，底边线常用锁边针绣制成犬齿形花边整饰边缘。按表 6-1 的编码标准建立通带刺绣纹样数据库（图 6-116，图 6-117）。

6.6 袖套及刺绣纹样

袖套既可以在劳作时保护服装的整洁，又具有一定的装饰作用，是常见的羌族服饰配件之一。袖套一般用黑布缝制成筒形套于前臂，其上多绣制花草装饰纹样，常用的刺绣针法有平铺针、十字针和贴边针等。按照表 6-1 的编码标准可建立袖套刺绣纹样数据库（图 6-118 ~ 图 6-125）。

图 6-116 G_S_01

图 6-117 G_S_02

图 6-118 OS_S_01

图 6-119 OS_S_02

图 6-120 OS_S_03

图 6-121 OS_C_01

图 6-122 0S_S_02

图 6-123 OS_S_03

图 6-124 OS_S_04

图 6-125 OS_P_01

6.7 虎头帽及刺绣纹样

虎头帽为羌族妇女为婴幼儿制作的夹棉帽子，一般用黑色布料夹缝棉花制成，边线均以红色布条滚边，穿戴时两侧护耳可在面部下颌扣紧，帽尾稍稍后翘以护后颈，其造型如虎头。顶部左右两边开有小口，各缝缀一簇羊毛形如虎耳。帽子顶部正中和两侧贴缝对称的刺绣绣片做装饰。虎头帽刺绣纹样多为花草图案，正中的绣片如山形，两侧绣片多为圆形（图6-126）。根据表6-1的编码标准可建立虎头帽刺绣纹样图案数据库（图6-127~图6-129）。

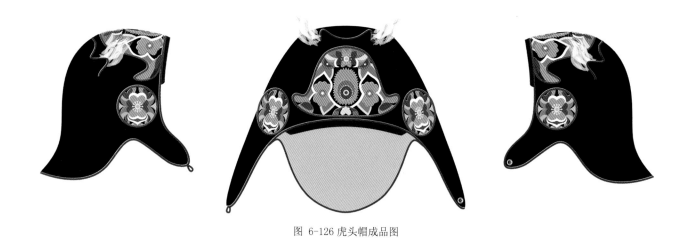

图 6-126 虎头帽成品图

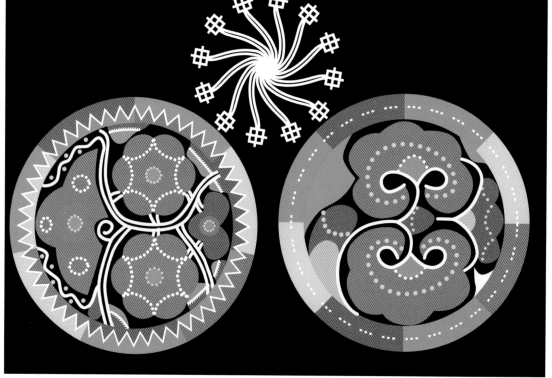

图 6-127 TH_S_01

图 6-128 TH_S_02

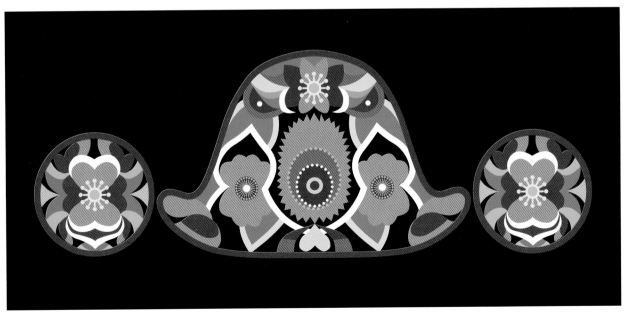

图 6-129 TH_S_03

6.8 绣花鞋及刺绣纹样

绣花鞋是羌族服饰中最有特色的服饰配件之一，羌族传统绣花鞋精湛的制作工艺和精美的刺绣装饰堪称一绝。羌族绣花鞋的纹样多为花草纹、螺旋纹、云形纹，常用的刺绣针法包括平铺针、贴布针、十字针等。绣花鞋的刺绣纹样一般分布在鞋帮上（图6-130），因此羌族绣花鞋刺绣纹样一般用绣花鞋的侧面图或鞋帮的平面图加以表现。根据表6-1的编码标准可建立羌族绣花鞋刺绣纹样数据库（图6-131～图6-149）。

 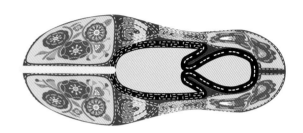

图 6-130 绣花鞋成品图

图 6-131 ES_S_01

图 6-132 ES_S_02

图 6-133 ES_S_03

图 6-134 ES_S_04

图 6-135 ES_S_05

图 6-136 ES_S_06

图 6-137 ES_S_07

图 6-138 ES_S_08

图 6-139 ES_S_09

图 6-140 ES_S_10

图 6-141 ES_S_11

图 6-142 ES_S_12

图 6-143 ES_S_13

图 6-144 ES_S_14

图 6-145 ES_S_15

图 6-146 ES_S_16

图 6-147 ES_S_17

图 6-148 ES_S_18

图 6-149 ES_S_19

6.9 鞋垫及刺绣纹样

与绣花鞋相对应，羌族服饰配件中的鞋垫也常用刺绣纹样进行装饰。鞋垫刺绣纹样以具象的花草纹样和抽象的填花纹样为主，前者多采用"平铺针"针法，后者多采用"十字针"针法。羌族刺绣鞋垫的数字化主要表现其外形及刺绣纹样，各种纹样鞋垫的数字文件可以根据表 6-1 的编码标准进行命名建档。

以"平铺针"所绣制的鞋垫，其刺绣图案千变万化，其纹样图库可以按"鞋垫名称_刺绣针法_序号"（鞋垫名称以英文名称"Insole"的首字母"I"代表）的格式命名建档（图 6-150 ~ 图 6-154）。

图 6-150 I_S_01

图 6-152 I_S_03

图 6-151 I_S_02

图 6-153 I_S_04

图 6-154 I_S_05

用"十字针"绣制的鞋垫，其刺绣纹样多为规整排列的填花图案，这类鞋垫纹样可以在 Adobe Illustrator 绘图软件中绘制相应的图案并存储于图案库中，进而加以便捷地运用。图案库及鞋垫样例的名称仍然按照表 6-1 的编码标准进行命名，其格式为"鞋垫（图案）名称_刺绣针法_序号"（鞋垫图案名称以对应的英文"Insole Pattern"的首个字母"IP"代表），见表 6-2。

表 6-2 鞋垫十字针刺绣纹样及其应用

文件代码	图案	样例
I_C_01		
I_C_02		
I_C_03		
I_C_04		
I_C_05		
I_C_06		
I_C_07		

（续表）

文件代码	图案	样例
I_C_08		
I_C_09		

6.10 香包及刺绣纹样

香包是羌族妇女常挂于腰间的一种随身饰品，其主体的造型常有"如意形""菱形""石榴形"等；香包上端有便于吊坠的绳线，下端常缝缀若干束缨穗作坠饰。香包的表面常刺绣花卉图案作装饰，常用的针法有平铺针、锁边针和豆形针等。与其他服饰配件相同，表现香包造型及刺绣纹样等信息的数字图形文件可根据表 6-1 的编码标准，按照"香包名称_刺绣针法_序号"的格式进行命名建档（香包名称以对应的英文名称"Sachet"的首两个字母"SA"表示），相应图例如图 6-155 ～图 6-160 所示。

图 6-155 SA_S_01　　　　　　　图 6-155 SA_S_02　　　　　　　图 6-155 SA_S_03

图 6-158 SA_S_04

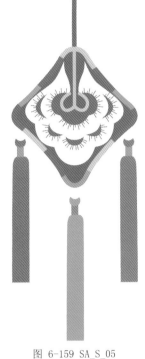

图 6-159 SA_S_05

图 6-160 SA_S_06

6.11 针线包及刺绣纹样

　　针线包是羌族妇女随身佩戴的饰物，以便在田间地头农闲时随时做一些针线活。针线包常用布料制得，也有用银制作的针线盒。布制的针线包其造型常为"漏斗形"或"双箭头形"，顶部开口便于存取针、线等物品。针线包表面常刺绣花草图案做装饰，其数字化的图形文件可根据表 6-1 的编码标准，按照"针线包名称 _ 刺绣针法 _ 序号"（针线包名称以对应的英文名称"Sewing Kit"的缩写字母"SK"表示）的格式进行命名建档，其对应的图例如图 6-161 ～图 6-168 所示。

图 6-161 SK_S_01

图 6-162 SK_S_02

图 6-163 SK_S_03

图 6-164 SK_S_04

图 6-165 SK_S_05

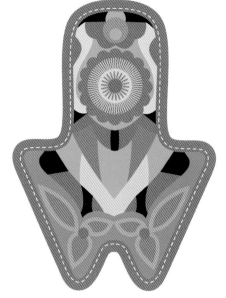

图 6-166 SK_S_06

图 6-167 SK_S_07

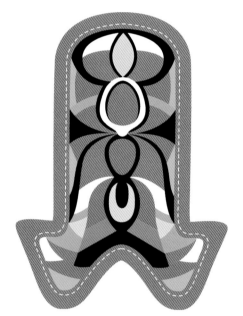

图 6-168 SK_S_08

7 羌族织带纹样

织带是将经、纬纱线经过编织形成的带状物。织带中的经纬纱线在编织过程中按一定方式相互交织，如果浮在表面的纱线长短不一即可编织出相应的纹样。在羌族服饰中应用比较广泛的主要有两种类型的织带，一种是比较精细的装饰花边织带，另一种是比较粗犷的织纹宽腰带。装饰花边织带一般由机器织成，织带宽度在1～5厘米，宽窄不一，多从市场上购买，缝制于服装的领口、门襟、下摆或袖口等边线处作装饰花边之用。编织腰带多由羌族妇女手工编织而得，宽7～10厘米不等，一般系于腰间作装饰腰带使用。

7.1 服装装饰织带纹样

羌族服装中常用的装饰织带一般有"花草纹样"和"几何纹样"两种类型，前者多由具象的花草图案构成，后者一般为抽象的几何图案构成。装饰织带中的图案按线性连续排列形成具有一定装饰效果的花边纹样。装饰织带的纹样可以在绘图软件 Adobe Illustrator 中创建为对应的"画笔"进行数字化处理和应用（装饰织带的纹样"画笔"可参照表 7-1 中所列出的各种"拼贴"加以创建）。为便于数据的管理和使用，装饰织带纹样所对应的画笔文件按"织带_纹样类型_序列号"的格式，以对应的英文名缩写字母加以命名（参见表 7-1 中"编码"一栏，其中"R"为"织带"英文名"Ribbon"的缩写）。

表 7-1 羌族服装装饰织带花边纹样

纹样类型	编码	边线拼贴	外角拼贴	内角拼贴	完整纹样
花草纹样 (Floral Motif)	R_F_01				
	R_F_02				
	R_F_03				
	R_F_04				
	R_F_05				
几何纹样 (Geometric Motif)	R_G_01				
	R_G_02				
	R_G_03				
	R_G_04				
	R_G_05				

7.2 织纹腰带纹样

羌族服饰中的织纹腰带纹样多由相对独立的"回形纹"或"万字纹"图案经过简单地排列而形成。传说织纹腰带中的每一个图案均代表一个古羌族文字，且这些图案都具有确切的含义，图案的排列是否遵循一定的规律，在学术上还有待进一步的科学考证。就目前而言，我们只有忠实地描绘出在羌族民间所见到的各种不同纹样的织纹腰带来建立相应的织纹腰带纹样数据库，各图形文件按"织纹腰带_序列号"的格式加以命名建档，其中"织纹腰带"名称的代码为"PB"，取自于对应的英文名"Patterned Woven Belt"（图 7–1 ～图 7–7）。

图 7-1 BP_01

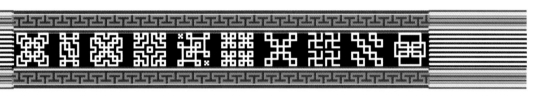

图 7-2 BP_02

图 7-3 BP_03

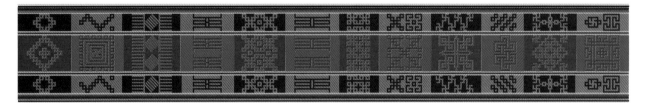

图 7-4 BP_04

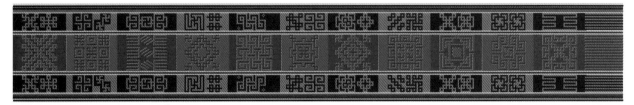

图 7-5 BP_05

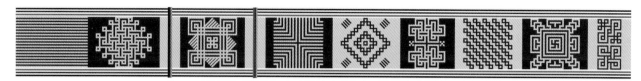

图 7-5 BP_05

图 7-6 BP_06

图 7-7 BP_07

8 银饰

羌族妇女的着装除服装以外还经常佩戴各种珠宝或银饰品。根据饰品的佩戴部位不同，羌族妇女服饰中的饰品包括：位于头部的发簪、发卡、耳环和耳坠等；佩戴于躯干部的项链、吊牌、胸牌、腰挂等；而在手部通常佩戴手镯、手链和戒指等。这些饰品一般采用白银打造、宝石的打磨串接或在银质饰品上镶嵌宝石制作而成。在外观结构上一般制作成圆环、弯钩、链条、别扣等形式，套、钩、挂或贴于身体相应的部位。例如：常见的手镯就是以圆环的形式圈套于手腕处；耳环是将耳环穿过耳垂上的孔洞钩挂于耳上；流行于理县蒲溪寨的"长命锁"即是通过两根长链将"长命锁"从颈项处悬挂于胸前；而耳钉或胸牌等饰品，则是通过别扣贴扣于耳垂或服装的右胸上。各地区的羌族妇女所偏好佩戴的饰品各有不同。例如：环形套串的银质头饰流行于与嘉绒藏族毗邻的水塘和木卡一带；"胸牌"只见于茂县太平乡的牛尾寨一带；"长命锁"多见于理县的蒲溪、大岐一带。银饰品可以根据身体不同部位佩戴的饰品英文名缩写加以编码组成数据库(表8-1)。

表 8-1　羌族银饰品种及其编码

品名	编码	图例
头饰 （Headdress）	J_H	
耳坠 （Earring）	J_E	
胸饰 （Pectoral）	J_P	
牙签盒 （Toothpick Box）	J_TB	
针线盒 （Sewing Kit）	J_SK	
手镯 （Bracelet）	J_B	
戒指 （Ring）	J_R	

9 羌族妇女头饰的穿戴流程

　　头饰是羌族服饰特别是羌族妇女服饰中最具特色的服饰配件之一，不同地区的羌族妇女往往以各具特色的头饰相互区别。羌族服饰中的头饰多为用于缠头或盖头的长短不一的布条，虽然在结构上均为简单的长方形，但各地羌族妇女头饰的穿戴方式却各不相同，从而呈现出迥然各异的外观造型。由于羌族头饰的穿戴方式有很大的随机性，且最终的外观造型往往会掩藏其造型的手段和方法而难于为人所知，因此系统地记录羌族头饰（特别是各具地方特色的羌族妇女头饰）的穿戴流程是揭示羌族头饰造型方法和程序的必要手段。羌族妇女头饰分"缠绕型""搭盖型""综合型"三种类型，本章主要以图片加上简单的文字说明介绍上述各种类型羌族妇女头饰的穿戴流程，以提示其造型步骤及方法。鉴于羌族男性的头饰与羌族妇女缠绕型头饰的穿戴方式和造型特征相同，本书不再单独介绍。

9.1 "缠绕型"头饰的穿戴流程

　　羌族妇女"缠绕型"头饰主要以羌区"北线"茂县的太平乡、"中心区"茂县的三龙乡以及"西南线"理县的蒲溪乡为代表，其穿戴流程如下。

9.1.1 茂县太平乡牛尾巴寨羌族妇女头饰的穿戴流程

　　茂县太平乡牛尾巴寨羌族妇女头饰代表羌族分布区北线的头饰特点，属于典型的素色缠绕型头饰。此类型的头饰一般为黑色，分里、外两层缠头布，穿戴时里层缠头布的一端从头部耳朵以上的右侧起，首先与发辫缠绕，进而盘绕头顶约三圈，缠头布的末端插入里圈的缠头布内束紧发辫作为头饰的内衬。外层缠头布则在内衬的基础上首先从头顶的左侧开始将布条的一端覆盖头顶，进而将缠头布条收拢缠绕头顶约三圈，最后将缠头布的末端插入里圈的布条内固定于头上，完成头饰的穿戴。缠头布在缠绕头部的过程中里外圈布条顺势上下起伏交错，这不仅能够使缠头布表面肌理富于变化，而且使缠头布自身能够牢固地紧束于头顶。牛尾巴寨羌族妇女头饰具体的穿戴流程如图9-1～图9-10所示。

图 9-1 将头发编结成独辫　　　　　　　　图 9-2 里层缠头布束紧发辫缠绕头顶第一圈

图 9-3 里层缠头布缠绕头顶第二圈

图 9-4 里层缠头布缠绕头顶第三圈

图 9-5 里层缠头布的末端插入里圈的布条内固定

图 9-6 外层缠头布覆盖头顶并缠绕头顶第一圈

图 9-7 外层缠头布缠绕头顶第二圈

图 9-8 外层缠头布缠绕头顶第三圈

图 9-9 外层缠头布的末端插入里圈的布条内固定

图 9-10 头饰穿戴完成后各角度的外观造型

9.1.2 茂县三龙乡羌族妇女头饰的穿戴流程

茂县三龙乡羌族妇女头饰属于彩绣缠绕型头饰，此类型的头饰一般为黑色，分里、外两层缠头布。外层缠头布两端有彩色刺绣装饰，穿戴时里层缠头布的中段搭于前额，两端头分别绕过左右头侧并在头后交叉，然后各自在耳朵以上的头部缠绕一圈，缠绕的同时也束紧发辫，缠头布的端头紧插于里圈的布条内固定于头上。外层缠头布在缠绕头部时首先将缠头布靠右约 1/4 处搭于前额，布条两端分别绕过头部左右两侧于头后交叉，较长的一段继续缠绕头部约三圈，短的一段覆盖另一段绕过前额，端头紧插入里圈的布条内将缠头布紧固于头的上半部位。其具体的穿戴流程如图 9-11～图 9-23 所示。

图 9-11 将里层缠头布的中间部位搭于前额

图 9-12 里层缠头布两端绕过头侧于头后交叉

图 9-13 里层缠头布其中的一端缠绕头部一圈

图 9-14 里层缠头布的另一端缠绕头部一圈并将端头紧插入里圈的布条内

图 9-15 里层缠头布的缠头造型

图 9-16 在1/4位置处将外层缠头布搭于前额　　　图 9-17 缠头布两端绕过头侧于头后交叉

图 9-18 外层缠头布的两端搭于胸前

图 9-19 缠头布较长的一段缠绕头部第一圈

图 9-20 缠头布较长的一段缠绕头部第二圈

图 9-21 缠头布较长的一段端头覆盖于前额

图 9-22 缠头布较短的一段绕过前额并将端头紧插于里圈的布条内

图 9-23 头饰穿戴完成后各角度的外观造型

9.1.3 理县蒲溪乡羌族妇女头饰的穿戴流程

理县蒲溪乡羌族妇女头饰属于彩绣缠绕型头饰，此类型的头饰一般为黑色，缠头布两端有彩色刺绣装饰。穿戴时首先将发辫盘绕于头顶，然后将缠头布的一端置于头顶左侧在耳朵以上缠绕头部约三圈，其末端则在头前的右侧紧插于里圈的布条内固定缠头布。蒲溪乡羌族妇女缠头布在缠绕的开始和结束时缠头布两端的刺绣部位立于头前左右两侧，形如"兽耳"，此为蒲溪乡羌族妇女头饰独特的穿戴方式和装饰。其具体的穿戴流程如图 9-24 ~图 9-29 所示。

图 9-24 将发辫盘绕于头顶

图 9-25 将缠头布的一端置于头顶左侧并缠绕头部第一圈

图 9-26 缠头布缠绕头部第二圈

图 9-27 缠头布缠绕头部第三圈

图 9 28 缠头布的末端紧插于里圈的布条内

图 9-29 头饰穿戴完成后各角度的外观造型

9.2 "搭盖型"头饰的穿戴流程

羌族妇女"搭盖型"头饰以羌区"西北线"理县的木卡乡为代表，搭盖型头饰为 140 厘米 × 40 厘米的方巾，方巾两端各有约 20 厘米宽的彩色刺绣装饰。穿戴前首先将头巾两端的图案并列对折头巾布，再将头巾按现有的总长中间对折形成约 40 厘米 × 40 厘米的方块（图 9-30），然后将对折好的方巾刺绣纹样朝上覆盖于头顶，再将发辫或绳辫置于方巾之上斜向缠绕头部两周，同时将盖头方巾束紧于头上（图 9-31）。其具体的穿戴方式如下。

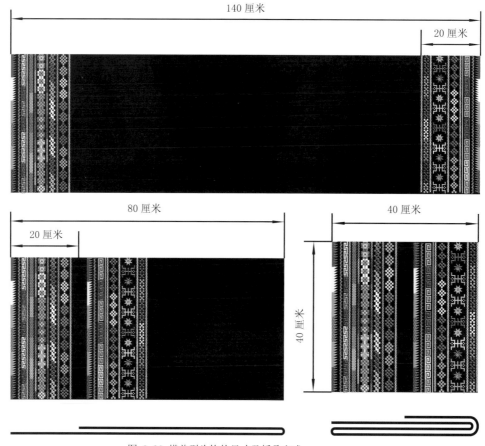

图 9-30 搭盖型头饰的尺寸及折叠方式

图 9-31 "搭盖型" 头饰的实物及穿戴方法

9.3 "综合型" 头饰的穿戴流程

羌族妇女 "综合型" 头饰以羌区 "中心区" 茂县的黑虎乡和渭门乡为代表,其穿戴流程分述如下。

9.3.1 茂县黑虎乡羌族妇女头饰的穿戴流程

茂县黑虎乡羌族妇女头饰属于综合型头饰,其穿戴方式和造型兼具缠绕型和搭盖型头饰的特点。该头饰由内外两部分组成,均为白色布巾,里层头巾用于裹束头发和束紧外层头巾,外层头巾则覆盖头部并塑造外形。穿戴时首先将头发盘起,然后将里层头巾中部覆盖前额围裹头部两侧,头巾两端在头后交叉并绕过颈项搭于胸前;然后将按一定方式折叠的外层头巾盖于前额,末端盖过头顶搭于头后;再将里层头巾的两端缠绕外层头巾并在头后打结固定内外头巾;最后将搭于头后的外层头巾的末端塞进先前缠绕头部的头巾里,余下的部分随机飘于头后。其具体的穿戴流程如图 9-32 ~ 图 9-37 所示。

图 9-32 里层头巾覆盖前额,在头后交叉后绕过颈项搭于胸前

图 9-33 外层头巾覆盖前额和头顶

图 9-34 里层头巾的右半段绕过前额束紧外层头巾

图 9-35 里层头巾的左半段绕过前额并与里层头巾的右半段打结固定头巾

图 9-36 外层头巾搭于头后的部分随机塞进先前缠绕头部的头巾内

图 9-37 头饰穿戴完成后各角度的外观造型

9.3.2 茂县渭门乡羌族妇女头饰的穿戴流程

　　茂县渭门乡羌族妇女头饰属于综合型头饰，该头饰由一块长布条组成，一般为白色，长宽分别约为 150 厘米 ×35 厘米，靠布条一端约 35 厘米长的范围平展开，其余部分则顺着布条的长度方向折叠成宽约 6 厘米的长条。穿戴时首先将布条平展开的一端从右至左覆盖头顶，其余部分则斜向盘绕头部约 5 圈，形成圆盘状造型，布条末端用别针固定于里圈的布条上。该头饰将布条一端做盖头，一端做缠绕头部的布带，兼具搭盖型和缠绕型头饰的造型和功能。其具体的穿戴流程如图 9–38 ~ 图 9–42 所示。

图 9–38 头饰的一端平展并覆盖头顶

图 9–39 头饰的折叠部分缠绕头部第一圈

图 9-40 折叠的布条缠绕头部第二圈

图 9-41 折叠的布条缠绕头部第四圈并用别针将末端固定

图 9-42 头饰穿戴完成后各角度的外观造型

结语

羌族主要分布于汉族与藏族之间，其传统服饰的品类虽然不多，但在款式和装饰细节（如刺绣纹样、常见的刺绣工艺等）方面却受到汉族（晚清时期的汉族服饰）和藏族服饰的影响，呈现出由汉文化向藏文化过渡的特征。自古以来，羌族都生活在崇山峻岭、高山峡谷之间，天然的险峻地势和匮乏的生活资源造就了分散于各地相对独立的羌族支系，在服饰文化上表现为风格各异的多样化形态，存在着较大的地域性差异。因此对羌族传统服饰的抢救与保护，需要对各地域的羌族支系的服装款式、流行的装饰纹样等进行系统的甄别和区分，通过数字化的图文资料全面记录和反映各区域的服饰特征，这样才有助于了解羌族与汉族、藏族的文化交流及其相互的影响关系，更加深入地理解羌族内部的社会结构。

受自然生态资源和生产技术水平的限制，羌族传统服饰在服饰材料的获取和加工以及进一步的服饰制作技术等方面都保留着原始手工生产的特征。例如：制作服装的材料主要取自于当地生产的麻布、毛织物（以牦牛毛为原料的纺织品）和羊皮等，少量的棉布或丝绸则来自于汉、藏地区。利用麻布、毛织物和羊皮制作的具有民族标识意义的长衫、长背心和羊皮坎肩等服装，在现代中青年羌族同胞中，除节假日或大型祭祀活动外，已少有穿着。在制作工艺方面，适应于窄幅布料的羌族服装裁剪缝制技术和方法，在现代羌族服饰中也越来越少见。另外，一些富有特色的传统手工刺绣工艺技术，主要靠民间口传心授的方式加以传承，由于费时、费工，这些传统手工艺技术正面临着后继乏人的境地。因此，除了对羌族传统服饰外观的特征进行系统整理外，还必须对其中的制作技术和工艺进行科学系统的分析，按照现代的科学规范和体系加以完善和总结，并通过现代化数字技术，整理成为当代人能够研习、传承和应用的技术资料。这样才能真正有效地保护传统的羌族传统服饰资源，并应用到现代羌族服饰的生产和设计之中。

借助于现代的数字技术建立羌族传统服饰式样和工艺资料库，其目的是希望通过先进的技术更加科学、系统、全面地整理和保护羌族传统服饰资源，使其能够更好地适应羌族同胞日益变化的生活方式和日渐提高的生产技术水平。同时也应当认识到，现代科学技术会对传统羌族服饰产生不良的影响。姑且不说现代时装对羌族传统服装的巨大冲击，但就一些现代生产技术工艺而言，虽然这些技术能够模仿羌族传统的服饰外观形式（例如服装款式、织带纹饰和刺绣纹样等），但现代仿制品在材料和一些制作工艺上却失去了其原有的韵味和风格。例如：手工纺织的麻布、毛织物或羊皮等服装材料均为羌族特有的传统制衣材料，如果替换以现代的服装材料，并采用现代的服装裁剪和缝制技术，虽然能够降低材料成本，简化制作工艺，提高服装的服用性能，但可能在材料的质地和服装的风格上会失去其原有的质朴、自然、具有亲和力的特质。

另外，在羌族传统的服饰中，一些手工工艺是不能为现代生产技术所完全替代的，仍然具有当代现实的生命价值。例如:电脑刺绣机可以模拟手工刺绣针法的外观形式，能够绣制手工完成的刺绣图案或纹样，但不能达到手工刺绣所具有的线迹松紧适中、疏密有致、绣品疏落柔软的品质。而且许多具有独立造型功能的手工刺绣针法依然是机器刺绣所无法实现的。因此，诸如此类的工艺仍然需要保留传统的手工制作工艺，仍然有必要对其进行科学地整理和规范，使其能够借助于现代先进的文化传媒手段传承下去。这也是本书对羌族传统手工刺绣加以深入研究的宗旨所在。

　　利用现代技术对羌族传统服饰进行抢救和保护还应当尊重其民族的传统文化。羌族是一个与汉族具有同样悠久历史的民族，其传统服饰汇聚着羌族同胞千万年来所积淀下来的聪明智慧，也凝聚着羌族同胞深厚的民族感情和民族自尊。对羌族传统服饰的整理、保护和现代化应用，无论在材料、制作工艺或装饰细节等方面都应当尽可能地保持其原有的风格和特征，使其能够成为加强羌族同胞的民族认同，增强民族自觉、自信和自强的文化工具。只有这样才能让羌族传统服饰真正成为羌族传统文化中不可或缺的元素，成为融入羌族同胞日常生活的一部分，成为羌族同胞保持其优秀的民族传统、民族品质和民族精神的文化遗产。

后记

　　服饰向来是进行族群识别与划分的文化符号，是族群自我认同与区别的工具。透过服饰的演变，人们可以了解一个民族的历史、文化与社会发展的形态。因此，在中国历代史籍中不难发现对少数民族服饰文化的描述和记载。近代学术界也不乏从历史学、文化人类学、民俗学的角度对少数民族服饰开展跨学科的综合性研究。然而关于少数民族服饰的文献多为民族志描述的文字记载，缺乏从服饰学角度的系统研究，无法对少数民族服饰的保护和传承发挥实际的指导作用。加上现代化与民族化的双向冲击，羌族服饰的传统风格和工艺正处于被遗失或被异化的境地。

　　针对羌族服饰的现状，本书通过广泛的田野调查，按民族志方式将羌族传统服饰风格进行了文化区域的划分，分析和归纳了羌族传统服饰的风格特征及其地域性差异。在此基础上，从服饰学的角度对羌族服饰的种类和品种进行了系统的梳理，力求对羌族服饰有一个全局的把握。根据外在风格及内在工艺特征，按照服装和服饰配件两大类别，对羌族各服饰品种的外观造型、装饰纹样、内在结构和制作工艺进行了全面而系统的整理。进而采用计算机数字技术，建成羌族服饰式样与工艺的数字资料库。羌族传统服饰式样库以计算机数字文件的形式，记载了各种羌族服装的着装图和平面图、服饰配件的成品图及各类装饰纹样图；服饰工艺资料库则以数字图片的形式，记载了羌族各种服装及服饰配件的结构及尺寸规格；对一些特殊的服饰工艺（如刺绣针法、头饰的穿戴方法）则以必要的图片结合文字进行"过程化"的记录和说明。上述研究手段及所得成果力求全面解答"何为羌族服饰？羌族服饰有何特点？羌族服饰是如何制造的？"等问题。能够做到对羌族传统服饰品种及地域性文化差异有一个真实、系统和完整的记录；对羌族传统服饰的款式设计提供全面而权威的参考资料；能够指导人们学习和掌握羌族传统服饰的制作和穿戴方法；其数字化的数据文件能够适应于利用数字技术复制或复原羌族传统服饰。从而为羌族传统服饰在现代技术条件下的保护和传承提供充分的资源和有力的技术保证。

　　由于特殊的自然生态环境和历史原因，羌族各地的经济、社会和文化发展并不平衡，在羌族传统服饰中则表现出明显的地域性差异。在当代羌族服饰生活中，我们经常可以见到产生于不同历史年代的羌族服饰同时并存的情形。受本书研究范围的限制，本书重点从地理空间的维度对羌族服饰文化进行了初步的共时性研究，而疏于从历史的维度展开历时性的探讨。另外，受条件所限，羌族民间尚存的历史极为久远的"毛皮衣"和"释比"（相当于汉族的"端公"）穿着的服饰未纳入研究范围之内，这些缺憾有待以后弥补。

　　本书在进行田野调查中得到理县地方志办公室王科贤先生，茂县三龙乡文化站王国亨先生，理县桃坪乡桃坪村陈连兵、杨红琼夫妇，理县薛城镇大岐村余凤明女士，茂县太平乡牛尾村陈天富先生的大力支持和帮助，在此表示衷心感谢！需要特别说明的是，由黄代华先生主编的《中国四川羌族装饰图案集》为本书创建的羌族服饰数字资料库提供了不可多得的历史资料，在此对这些前辈的辛勤劳动和贡献致以崇高的敬意！

　　我指导的研究生易子琳、陈竟婷、王巍、董杭波、潘海敬、吴西子、骆小草、张亚君和严密在校就读研究生期间，参与了部分羌族服饰的整理和图片的绘制工作，对他们所付出的辛勤与汗水深表感谢！

本书的研究工作得到教育部人文社会科学规划基金、中央高校基本科研业务费研究专项基金和四川省哲学社会科学重点研究基地规划项目基金的立项和经费支持，特此致谢！

此外，本书在成稿过程中得到四川大学历史系教授、中国藏学研究所副所长石硕先生的指点和鼓励，并欣然为本书写序；东华大学出版社及社长蒋智威先生、编辑马文娟女士也一贯给予本人以鼓励和支持，使本书得以顺利完稿付梓，在此一并致以诚挚的谢意！

利用计算机数字技术来抢救和保护羌族传统服饰是一种新的探索和尝试，难免存在疏漏与错误。但如果此项研究和探索能够对在当今社会条件下如何有效地保护和传承少数民族传统服饰文化起到抛砖引玉的作用，能够启发更多的有识之士对少数民族服饰给予更多的关注，并进行更为深入的研究，便可聊以平复本人心中的不安。因此，读者毫无保留的批评和指正是鞭策我不断探索和前进的动力。

张皋鹏

2013年3月　于四川大学